科普总动员

海洋孕育生命,蕴藏无限奥秘。让我们一起来解读炫彩瑰丽的海洋万象吧!

炫彩瑰丽的

海洋万象

编著：费菲

海洋是地球上最早诞生生物的发源地
是孕育原始生命的摇篮

山西出版传媒集团
山西经济出版社

图书在版编目（CIP）数据

炫彩瑰丽的海洋万象 / 费菲编著. — 太原：山西
经济出版社，2017.1（2021.5重印）
ISBN 978-7-5577-0145-1

Ⅰ.①炫…　Ⅱ.①费…　Ⅲ.①海洋－青少年读物
Ⅳ.①P7-49

中国版本图书馆CIP数据核字（2017）第009777号

炫彩瑰丽的海洋万象

XUANCAI GUILI DE HAIYANG WANXIANG

编　　著：	费　菲
出版策划：	吕应征
责任编辑：	吴　迪
装帧设计：	蔚蓝风行
出 版 者：	山西出版传媒集团·山西经济出版社
社　　址：	太原市建设南路 21 号
邮　　编：	030012
电　　话：	0351-4922133（发行中心）
	0351-4922085（总编室）
E-mail：	scb@sxjjcb.com（市场部）
	zbs@sxjjcb.com（总编室）
网　　址：	www.sxjjcb.com
经 销 者：	山西出版传媒集团·山西经济出版社
承 印 者：	永清县晔盛亚胶印有限公司
开　　本：	787mm×1092mm　　1/16
印　　张：	10
字　　数：	150 千字
版　　次：	2017 年 1 月　第 1 版
印　　次：	2021 年 5 月　第 2 次印刷
书　　号：	ISBN 978-7-5577-0145-1
定　　价：	29.80 元

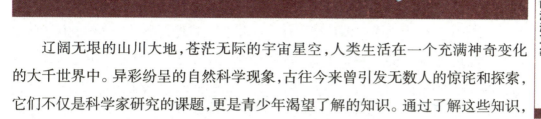

前言 ■炫彩瑰丽的海洋万象

辽阔无垠的山川大地，苍茫无际的宇宙星空，人类生活在一个充满神奇变化的大千世界中。异彩纷呈的自然科学现象，古往今来曾引发无数人的惊诧和探索，它们不仅是科学家研究的课题，更是青少年渴望了解的知识。通过了解这些知识，可开阔视野，激发探索自然科学的兴趣。

本书介绍了海洋的相关知识。分"妙趣大洋深处""先进海上发明""迷惑海底空间"三个篇章，展示了大家熟悉又陌生、充满神秘和魅力的海洋世界。全书图文并茂、通俗易懂，并以简洁、鲜明、风趣的标题引发青少年的阅读兴趣。

地球作为一颗行星在浩瀚的宇宙中是微不足道的，但它独有的特点令宇宙中大多数天体黯然失色，那就是，它是太阳系中唯一拥有大量液态水的星系，因此，把地球称作水球或者海洋之球，似乎更为贴切。如果没有海洋，地球也会像月球和其他人类已经探知的星球一样，成为死寂的、没有生命存在的星球。地球上的海洋深邃而广袤，总面积为 3.67 亿平方千米，占地球表面积的 71%。

海洋是地球上最早诞生生物的发源地，是孕育原始生命的摇篮，它以博大的胸怀哺育了人类及万千生物，因此，浩瀚的海洋是人类及其他生物赖以生存的地理环境的重要组成部分，对自然界及人类社会的发展都有着巨大的影响。海洋不仅提供了人类及生物生存的基本条件，还是人类及各种生物潜在的巨大资源宝库。海洋中已知的生物达 20 余万种，其中动物约 18 万种，包括我们熟知的海豚、鲨鱼、鲸鱼、乌贼等，植物 2 万余种，这些生物资源，为人类提供了丰富、美味又健康的食物；海洋中还含有储量极为丰富的矿藏和能源，海水中含量丰富的镁、溴、碘、钾、铀，以及蕴藏其中的潮汐能、波浪能、盐差能等，在人类社会的生产生活、工农业发展、交通运输、娱乐通信等方面起着巨大作用。从人类文明的发展历程看，海洋文明在整个人类文明中占有十分重要的地位，海洋文明程度的高低对一个民族、一个国家甚至整个人类的进步具有深远的影响。从发明指南针到航空母舰、潜水艇,这些与海洋相关的发明无一不体现了一个国家的综合实力。

　　海洋与人类的生存关系重大,因此,保护海洋环境也是人类共同的责任。目前,全球面临的环境问题在海洋方面也非常突出:海域污染严重,生物种类锐减,海洋资源和自然景观受到破坏,赤潮、海啸、飓风、厄尔尼诺现象等海洋灾害频发,给人类生产、生活带来的后果触目惊心。由此可见,虽然人类对海洋的利用和控制能力不断提高,但无论这种能力提高到什么程度,人类都不可能摆脱海洋环境对自己的支配性作用。因此,人类为保护海洋、维护海洋生态平衡应不懈努力,从而确保海洋资源的可持续发展与利用。

目录
■炫彩瑰丽的海洋万象

第 1 章 妙趣大洋深处

第 2 章 先进海上发明

第 3 章 迷惑海底空间

炫彩瑰丽的海洋万象

▼▼
目　录

妙趣大洋深处

□炫彩瑰丽的海洋万象

第 **1** 章

美丽的杀手水母

科普档案 ●名称:水母 ●特征:凶猛有毒,能发光 ●构造:胃腔、感棍、伞帽、触手、刺丝胞、口腕、口器、放射管

它们犹如海洋中浮动的花朵,又像缤纷的果冻,轻盈优雅地舞动着。然而,渔民对它们敬而远之,游泳者闻之色变。即便是生物学家也不是完全了解,它们就是看似柔弱美丽实则毒性巨大的水下杀手——水母。

水母是海洋中重要的大型浮游生物,是无脊椎动物,属于腔肠动物门类中的一员。它们的出现比恐龙还早,可追溯到 6.5 亿年前,但它们的寿命很短,平均只有几个月。全世界的海洋中有超过两百种的水母,它们分布于全球各地的水域里。

水母没有眼睛,没有耳朵,也没有大脑,在浩瀚的海水中过着"没头没脑"的生活,即便如此,它们仍然是海洋生物中不可小觑的一员。水母的身体像一把透明伞,大的直径可达 2 米,触手可长达 20~30 米,长长的触手伸向四周,有的身上还带有各色各样的花纹。水母的形态十分美丽迷人,温文尔雅、雍容华贵如同少妇。上面的半球状伞体玲珑剔透,下面的须状触手飘飘然。有一种栉水母能够发出蓝色的光,光彩夺目、美妙绝伦。人们往往根据水母的伞状体的不同来分类:有的伞状体发银光,叫银水母;有的伞状体像和尚的帽子,叫僧帽水母;有的伞状体仿佛船上的白帆,叫帆水母;有的宛如雨伞,

□水母

叫雨伞水母；有的伞状体上闪耀着彩霞的光芒，叫霞水母……

形态各异、光彩夺目的水母在蓝色的海洋里游动，看起来美丽极了。然而这种美丽的动物却十分凶猛并含有剧毒。

水母伞状体的下面那些细长的触手是它的消化器官，也是它的武器。触手的上面布满了刺细胞，像毒丝一样，能够射出毒液，猎物被刺螫后会迅速麻痹而死。触手就将这些猎物紧紧抓住，缩回来，用伞状体下面的息肉吸住，息肉分泌酵素，迅速将猎物体内的蛋白质分解。因为水母没有呼吸器官与循环系统，只有原始的消化器官，所以捕获的食物立即在腔肠内消化吸收。世界上的水母基本都有毒，只是毒性大小不同而已。

□ 最毒的箱水母

在海边弄潮游泳时，有时会突然感到身体的前胸、后背或四肢一阵刺痛，有如被皮鞭抽打的感觉，那准是水母作怪在刺人了。不过，一般被水母刺到，只会感到灸痛并出现红肿，只要涂抹消炎药或食用醋，过几天即能消肿止痛。但是在马来西亚至澳大利亚一带的海面上，有两种分别叫箱水母和曳手水母的，毒性很强，如果被它们刺到的话，在几分钟之内就会因呼吸困难而死亡，因此它们又被称为杀手水母。

美国《世界野生生物》杂志曾列举了全球最毒的十种动物，名列榜首的不是"毒"名昭著的眼镜蛇，而是水母家族中的"大哥"——海洋中的箱水母。一只成年箱水母的触须上竟有几十亿个毒囊毒针，足以致20人于死地。剧毒超过眼镜蛇的水母竟有七八种。

箱水母是腔肠动物立方水母纲大约20种水母的通称，之所以获此怪名，是因为外形微圆，像一只方形的箱子。成年的箱水母有足球那么大，蘑菇状，近乎透明。它由体内喷出的水柱推动着身体旋转前进，在它的身体两侧，各有两只原始的眼睛，可以感受光线的变化，身后拖着60多条带状触须。这些触须正是使人致命之处，它能伸展到3米以外。在每根触须上，都密密麻麻地排列着囊状物，每个囊状物又都有一个肉眼看不见的、盛满毒液的空心"毒针"。刺细胞内有一个叫刺丝囊的专用器官，这些刺丝囊是由外壳和刺丝构成的。在休息状态下，它们盘卷在一起。当水母进行攻击的时候，刺丝就会伸展开来，刺丝囊刺入被攻击对象的体内，并在里面释放毒汁。人会感到肌肉疼痛，2分钟内，人的器官功能就会衰竭。

箱水母是地球上已知的对人毒性最强的生物，也属于最早进化出眼睛的第一批动物。瑞典科学家的一项新研究发现，箱水母已经发展出一套与人类相似的特殊眼睛，这些眼睛能帮助箱水母在海洋中灵巧地避开障碍物。

📖 **知识链接**

水母的共生伙伴

水母的共生伙伴，是一种小牧鱼。它们体长不超过7厘米，可以随意游弋在水母的触须之间。遇到大鱼游来，小牧鱼就游到巨伞下的触手中间，将其当作一个安全的"避难所"，躲过敌害的进攻。同时，小牧鱼还将大鱼引诱到水母的狩猎范围内使其丧命，自己分享水母吃剩的食物残渣。小牧鱼行动灵活，能巧妙避开水母触须上的毒须，通常情况下不会受伤害。

游泳健将乌贼

科普档案 ●名称:乌贼 ●特征:皮肤中的色素小囊可改变颜色和大小,游行速度快,可喷黑色烟雾

　　乌贼游行速度超越任何鱼类,遇到强敌时会以"喷墨"作为逃生的方法,伺机离开,因而有"乌贼""墨鱼"等名称。人类就是受到它独特黑墨的启示,发明了烟幕弹。

　　乌贼亦称墨鱼、墨斗鱼,乌贼目,是海产头足类软体动物。乌贼有一个船形石灰质的硬鞘,内部器官包裹在袋内。乌贼的身体像个橡皮袋子,在身体的两侧有肉鳍,体躯椭圆形,颈短,头部与躯干相连,有二腕延伸为细长的触手,用来游泳和保持身体平衡。

　　乌贼头较短,两侧有发达的眼。头顶长口,口腔内有角质颚,能撕咬食物。乌贼的足生在头顶,所以又称头足类。头顶的 10 条足中有八条较短,内侧密生吸盘,称为腕;另外两条较长、活动自如的足,能缩回到两个囊内,称为触腕,只有前端内侧有吸盘。其皮肤中有色素小囊,会随"情绪"的变化而改变颜色和大小。乌贼主要吃甲壳类、小鱼或其他软体动物,主要敌害是大型水生动物。

　　乌贼可以称为海底头足类中最为杰出的烟幕专家,有一套施放烟幕的独家绝技。在遇到敌害时,会喷出烟幕,然后逃生。这是因为乌贼体内有一个墨囊,囊

□乌贼

□巨型乌贼

内储藏着能分泌天然墨汁的墨腺。平时，它遨游在大海里专门吃小鱼小虾，一旦有什么凶猛的敌害向它扑来时，乌贼就立刻从墨囊里喷出一股墨汁，把周围的海水染成一片黑色，使敌害看不见它。就在这黑色烟幕的掩护下，它便逃之夭夭了。乌贼喷出的这种墨汁还含有毒素，可以用来麻痹敌害，使敌害无法再去追赶它。但是乌贼墨囊里积贮一囊墨汁，需要相当长的时间，所以乌贼不到十分危急之时是不会轻易施放墨汁的。

如果说施放烟幕是乌贼的逃生秘诀之一，那么之二就是它无与伦比的游行速度。在海洋生物中，乌贼的游泳速度最快。乌贼身体扁平柔软，非常适合在海底生活。乌贼平时做波浪式的缓慢运动，可一遇到险情，就会以每秒 15 米（54 千米/小时）的速度把强敌抛在身后，有些乌贼移动的最高时速达 150 千米。与一般鱼靠鳍游泳不同，它是靠肚皮上的漏斗管喷水的反作用力飞速前进，其喷射能力就像火箭发射一样，它可以使乌贼从深海中跃起，跳出水面高达 7~10 米。乌贼的身体就像炮弹一样，能够在空中飞行 50 米左右。乌贼在海水中游泳的速度通常可以达到每秒 15 米以上，最大时速可以达到 150 千米，即便是号称鱼类中游泳速度冠军的旗鱼，时速也只有 110 千米，只能甘拜下风了。

1873 年，在纽芬兰附近的"葡萄牙"海湾首次发现巨型乌贼。当时一艘小船遭到了这个大家伙的突然袭击，幸亏船主用斧头砍下了它的一根长 5 米、直径约 0.3 米的触须，才侥幸逃脱。自此后，人们就开始追踪"乌贼王"的踪迹，但令人烦恼的是，它很少在浅海露面，当它浮出水面的时候，不是已经死亡就是奄奄一息，在开展研究前就死去了。全世界至今只有 250 多个样本可供研究,这些样本不是残缺不全就是严重损坏。它究竟住在何处,如何生活,如何觅食和繁殖,科学文献上至今仍是空白。

世界上所有的乌贼中,最小的要算雏乌贼。它的身长不超过1.5厘米,和一粒花生米的大小差不多,体重只有0.1克。这种超小型的乌贼生活在日本海浅海的水草里,其模样同一般的乌贼非常相似,只是背上多了一个吸盘,可以吸附在水草上,不致被海水冲走。平时它在水草上休息,一旦发现猎物便突然出击,吃饱后,又回到水草上安静地休息,等待下一个猎物。

比较漂亮的乌贼就属玻璃乌贼了,它的外表看起来就像人们跳波尔卡时穿着的舞裙,上面漂亮的圆斑点让这种玻璃乌贼看起来有点像卡通片里的形象,也为这漆黑阴暗的深海平添了一点亮色。科学家们搜索了超过约3880平方千米的海域,才发现了这种乌贼。

在乌贼的王国里,还有一种体型很小的萤乌贼。它是一种会发光的生物,其腹面有3个发光器,有的眼睛周围还有一个。它发出的光可以照亮30厘米远。当它遇到天敌时,便射出强烈的光,把天敌吓得仓皇而逃。

📖**知识链接**

乌 贼

现代乌贼的祖先出现于2100万年前的中新世。为箭石类海生动物,特征是有一厚的石灰质内壳(乌贼骨、墨鱼骨或海螵蛸,可入药)。乌贼约有350种,体长2.5～90厘米,最大的大王乌贼体长逾20米。乌贼分布于世界各大洋,主要生活在热带和温带沿岸浅水中,冬季常迁至较深海域。常见的乌贼在春、夏季繁殖,约产100～300粒卵。

海洋巨人蓝鲸

科普档案 ●名称:蓝鲸　●分布区域:北极到南极的海洋,南极附近海域较多　●食性:磷虾为主

　　它是海上的巨无霸,也是动物界难以超越的巨人,是迄今为止地球上体积最大的生物。如果这样的生物对人类发起进攻,后果岂不很严重?好在它只生活在海洋中,而且只以磷虾小鱼为食,人类面临它的威胁较小,它就是蓝鲸。

　　蓝鲸是一种海洋哺乳动物,属于须鲸亚目。蓝鲸被认为是地球上生存着的体型最大的动物,长可达 33 米,重达 181 吨。蓝鲸的身躯瘦长,背部是青灰色的,在水中看起来有时颜色会比较浅。

　　蓝鲸不但是目前最大的鲸类,而且是地球上目前最大的哺乳动物。一头成年蓝鲸能长到曾生活在地面上的最大的恐龙——长臂龙体重的 2 倍多。所幸的是,由于海洋浮力的作用,它不需要像陆生动物那样费力地支撑自己的体重,庞大的身躯还有助于保持恒定的体温。蓝鲸全身体表均呈淡蓝色或鼠灰色,背部有浅色的细碎斑纹,胸部有白色的斑点,褶沟在 20 条以上,腹部也布满褶皱,长达脐部,并带有赭石色的黄斑。雌鲸的生殖孔两侧有乳沟,内有细长的乳头。头相对较小而扁平,有 2 个喷气孔,位于头的顶上,吻宽,口大,嘴里没有牙齿,上颌宽,向上凸起呈弧形,生有黑色的须板,每侧多达 300~400 枚须,长 90~110 厘米,宽 50~60 厘米。蓝鲸的耳膜内每年都积存有很多蜡,根据蜡的厚度,可以判断它的年龄。在它的上颌部还有一块白色的胼胝,曾经是生长毛发的地方,后来毛发都退化了,就留下一块疣状的赘生物,成了寄生虫的滋生地。由于这块胼胝在每个个体上都不相同,就像是戴着不同形状的"帽子",可以据此区分不同的个体。背鳍特别短小,其长度不及体长的 1.5%,鳍肢也不算太长,约为 4 米,具 4 趾,其后缘没有波浪状的缺刻,尾巴宽阔而平扁。整个身体呈流线形,看起来很像一把

□蓝鲸

剃刀,所以又被称为"剃刀鲸"。

　　蓝鲸个头巨大,一般体长为 24~34 米。体重为 150~200 吨,体重相当于 25 只以上的非洲象,或者 2000~3000 人的重量总和,最大的蓝鲸有多重还不确定。大部分的数据取自 20 世纪上半叶南极海域捕杀的蓝鲸,数据由并不精通标准动物测量方法的捕鲸人测得。有记载的最长的鲸为两头雌性,分别为 33.6 米和 33.3 米。但是这些测量的可靠性存在争议。美国国家海洋哺乳动物实验室的科学家测量到的最长的鲸长度为 29.9 米,大概和波音 737 或 3 辆双层公共汽车一样长。

　　蓝鲸的头非常大,舌头上能站 50 人。它的心脏和小汽车一样大。婴儿可以爬过它的动脉,刚生下的蓝鲸幼崽比一头成年象还要重。在其生命的最初七个月,幼鲸每天要喝 400 升母乳。幼鲸的生长速度非常快,体重每 24 小时就增加 90 千克。蓝鲸的身躯是如此的巨大,以至于一条舌头就有 2 吨,头骨有 3 吨,肝脏有 1 吨,心脏有 500 千克,血液循环量达 8 吨,雄鲸的睾丸也有 45 千克。如果把它的肠子拉直,足有 200~300 米,血管粗得足以装下一个小孩,脏壁厚达 60 多厘米,雄鲸的阴茎长达 3 米。它的力量也大得惊人,堪称是动物世界中当之无愧的大力士。

你能想到吗？巨大无比的蓝鲸所吃的食物居然是微小的磷虾类。

蓝鲸栖息的海湾大多由陆地的河水带来了极为丰富的有机质，水质十分肥沃，促进了浮游生物的大量繁殖。密集的浮游生物，又引来了身体闪耀着钻蓝色光芒的大群磷虾。不可思议的是，蓝鲸这种超大型的动物竟然就是以磷虾这种微小的动物为主要食料的。它的胃分成四个，第一胃为食道部分膨大而变成的，所以胃口极大，一次可以吞食磷虾约200万只，每天要吃掉4~8吨，如果腹中的食物少于2吨，就会有饥饿的感觉。磷虾是全世界数量最多的动物，广泛分布于南北极海域，正是由于有如此丰富的食物，而且生活在水里没有体重的限制，所以蓝鲸才能发育得这样巨大。

鲸通常捕食它能找到的最密集的磷虾群，这意味着蓝鲸白天需要在深水（超过100米）觅食，夜晚才能到水面觅食。蓝鲸捕食的过程中一次吞入大群的磷虾，同时吞入大量的海水。

它每天都用大部分时间张开大口游弋于稠密的浮游生物丛中，嘴巴上的两排板状的须像筛子一样，肚子里还有很多像手风琴的风箱一样的褶皱，能扩大又能缩小，这样它就可以将海水和磷虾一齐吞下后，挤压腹腔和舌头，将海水经须板挤出，然后嘴巴一闭，使海水从须缝里排出，滤下小虾小鱼，吞而食之。

📖 知识链接

蓝 鲸

蓝鲸是最重要的经济种之一。脂肪量多。国际上规定用蓝鲸产油量作换算单位，即1头蓝鲸=2头长须鲸=2.5头座头鲸=6头大须鲸。从现代捕鲸开始的年代起，就对蓝鲸竞相滥捕，在高峰期的1930~1931年度，全世界一年就捕杀蓝鲸近3万头。1966年国际捕鲸委员会宣布蓝鲸为禁捕的保护对象。未开发前蓝鲸至少有20多万头，现在估计最多有13000头。根据国际捕鲸委员会1989年发表的统计报告说，蓝鲸现在只有200~453头幸存者。这是根据在南半球经过8年的调查得出的，已经濒临灭绝。

海上霸王虎鲸

科普档案 ●名称:虎鲸 ●分布区域:广泛分布于全世界的海域,日本北海、冰岛 ●特征:凶残

　　它是食肉动物,体形不是最大,却是鲸鱼中性情最凶残的一种。它用锋利的牙齿血腥猎杀,连最大的蓝鲸和凶猛的大白鲨都惧它几分,它是名副其实的海上霸王,它也有个惊心动魄的名字——虎鲸。

　　虎鲸是一种大型齿鲸,体形极为粗壮,是海豚科中体型最大的物种。它的身体强壮而有力,体型很大,呈纺锤形,表面光滑,皮肤下面有一层很厚的用来保存身体热量的脂肪。

　　虎鲸通常身长为 8~10 米,体重 9 吨左右,身体上的颜色黑白分明,背部为漆黑色,只是在鳍的后面有一个马鞍形的灰白色斑,两眼的后面各有一块梭形的白斑,腹面大部分为雪白色。有一个尖尖的背鳍,背鳍弯曲长达 1 米,头部呈圆锥状,没有突出的吻。大而高耸的背鳍位于背部中央,其形状有高度变异性,雌鲸与未成年虎鲸的背鳍呈镰刀形,而成年雄鲸则多半如棘刺般直立,高度约 1~1.8 米。

　　胸鳍大而宽阔,大致呈圆形,这点与大多数海豚科成员的典型镰刀状胸鳍不同。鼻孔在头顶的右侧,有开关自如的活瓣,当浮到水面上时,就打开活瓣呼吸,喷出一片泡沫状的气雾,遇到海面上的冷空气就变成了一根水柱。前肢变为一对鳍,很发达。在海湾的浅水地带,它还喜欢用尾巴上的缺刻去钩拉海藻,发出“呼呼”的声音。后肢退化消失。高耸于背部中央的强大的三角形背鳍,十分显眼,雄鲸的可达 1.5 米高,既是进攻的武器,又可以起到舵的作用。嘴很大,上下颌上共有 40~50 枚圆锥形的大牙齿,显出一副凶神恶煞的模样,能把一头海狮整个吞下。

　　虎鲸是食肉动物,它是海洋中最凶猛的动物,善于进攻猎物,是企鹅、

□海上霸主——虎鲸

海豹等动物的天敌。有时它们还袭击其他鲸类，甚至是大白鲨，可称得上海上霸王。由于性情十分凶猛，因此又有恶鲸、杀鲸、凶手鲸、逆戟鲸等称谓。

虽然它的牙齿非常坚硬，但却不如鲨鱼的牙齿那样锋利，因此主要用于攫取而不是咀嚼，被它叼住的食物都是整个吞下的。

虎鲸的食物多样，从小型结群鱼类、鱿鱼，到大型须鲸、抹香鲸都有可能成为它的猎物，还包括海豹等鳍脚类动物，以及海龟、海豚、海狗、海獭、海牛、儒艮、鲨鱼等。鹿与麋鹿游泳横渡水道时虎鲸也伺机捕食。虎鲸还会利用涨潮来到海岸边，捕捉来不及逃走的海豹和企鹅，曾有一只虎鲸吃掉13只海豚和14只海豹的记录。

不同虎鲸种群有自己偏好的食物种类，某些族群主要以鲑鱼、鲔鱼或鲱鱼等鱼类为主要食物，某些群则会巡视鳍脚类的登陆地寻找猎物或跟随迁徙中的鲸群。成群的虎鲸甚至敢于攻击比其大十倍的须鲸，情景与狼群围猎孤鹿十分相似，先将猎物上下左右团团围住，咬掉背鳍、尾巴等，使难以游动，然后撕去大块的肉，再咬掉猎物的嘴唇和舌头，最后轮流钻入须鲸身体取食。

虎鲸也会偷吃延绳钓渔船上钩的鱼获，或吃食渔民丢弃的下杂鱼等。它们似乎会选择性地咬食须鲸的舌头。由于惧怕虎鲸，当虎鲸出现时，鳍脚类会逃往陆地或冰上，鲸豚则会游入浅水域或藏匿于浮冰的裂隙间。由于虎鲸是如此之凶猛，所以海洋中的露脊鲸、长须鲸、座头鲸、灰鲸、蓝鲸等大型鲸类也都畏之如虎，远远见了，就慌忙避开，逃之天天。

虎鲸在捕食的时候还会使用诡计，先将腹部朝上，一动不动地漂浮在海面上，很像一具死尸，而当乌贼、海鸟、海兽等接近它的时候，就突然翻过身来，张开大嘴把它们吃掉。

虎鲸喜欢栖息在0℃到13℃的较冷水域，温暖的海洋中数量较少，即使有也常常潜到水温较低的深水地带。虎鲸喜欢群居的生活，有2~3只的小群，也有40~50只的大群，群体成员间团结互助。

虎鲸并没有灭绝之虞，但人为猎捕可能已造成部分地区族群的减少。

📖 知识链接

虎　鲸

虎鲸能发出62种不同的声音，而且这些声音有着不同的含义。捕食鱼类时，会发出断断续续的"咋嚏"声，如同用力拉扯生锈铁门窗铰链发出的声音一样。鱼类在受到这种声音的恐吓后，行动就变得失常了。虎鲸不仅能够发射超声波，通过回声去寻找鱼群，而且还能够判断鱼群的大小和游泳的方向。这种能力，对生活在海洋里的食肉动物来说是十分重要的，因为海水下面十分黑暗，很难在这种环境里看清远处的捕食目标。

海中狼鲨鱼

科普档案 ●名称:鲨鱼 ●分布区域:热带、亚热带海洋,我国南海、黄海 ●特征:牙齿锋利、凶残、喜厮杀

残暴凶猛的鲨鱼是很多其他海洋生物的噩梦,它们嗜杀成性,牙齿尖锐锋利,力道勇猛,连轮船都能被咬出洞来。拼抢食物的过程中,它们几乎可以不顾一切,甚至吃掉自己的孩子。因此,它们得到一个凶残又冷酷的称号"海中狼"。

根据化石考察和科学家推算,鲨鱼在地球上生活了约1.8亿年,它早在3亿多年前就已经存在,至今外形都没有多大改变,生存能力极强。

鲨鱼在古代叫作鲛、鲛鲨、鲨鱼,是海洋中的庞然大物,号称"海中狼"。鲨鱼的鼻孔位于头部腹面口的前方,有的具有口鼻沟,连接在鼻口隔之间,嗅囊的褶皱增加了与外界环境的接触面积。鲨鱼属于软骨鱼类,身上没有鱼鳔,调节沉浮主要靠它很大的肝脏。所有的鲨鱼都有一身的软骨,它的骨架是由软骨构成的,不是骨头。软骨比骨头更轻、更具有弹性。鲨鱼在海水中对气味特别敏感,尤其是血腥味,它们能闻出数里外的血液并追踪出来源。

鲨鱼的牙齿有5~6排,除最外排的牙齿真正起到牙齿的功能外,其余几排都是"仰卧"着备用,就好像屋顶上的瓦片一样彼此覆盖着,一旦最外层的牙齿发生脱落,里面一排的牙齿马上就会向前面移动,用来补足脱落牙齿的空穴位置。同时,鲨鱼在生长过程中较大的牙齿还要不断取代小牙齿。因此,鲨鱼在一生中常常要更换数以万计的牙齿。据统计,一条鲨鱼,在10年以内竟换掉2万余牙齿。它的牙齿不仅强劲有力,而且锋利无比。鲨鱼的咬食力可以说是所有海洋动物中最强有力的。所以有些商轮在航海日记上曾记载过轮船推进器被鲨鱼咬弯、船体被鲨鱼咬个破洞的事故,也不足为奇了。

鲨鱼习性冷酷,凶残嗜杀。更可怕的是在相互抢食时,鲨鱼常常会不分

□海中狼鲨鱼

青红皂白,甚至连自己亲生的孩子——鲨仔,也不放过,吃得一干二净。当一条鲨鱼被其他鲨鱼所误伤而挣扎的时候,这头伤鲨就该倒霉了,其他同宗族的兄弟也同样会群起而攻之,直至吞食完毕为止。鲨鱼是胎生的,一胎可产 10 余条鲨仔,最高可达 80 余条,这些鲨仔在娘胎里竟也互相残杀。人们曾在大西洋海岸发现一种虎鲨,通过解剖得出这一结论。娘胎变成了战场,这在任何动物中都是未曾见过的先例。

世界上约有 380 种鲨鱼。有 30 种会主动攻击人,有 7 种可能会致人死亡,还有 27 种因为体型和习性的关系,具有危险性。

鲸鲨是海中最大的鲨鱼,也是世界上最大的鱼类,长成后身长可达 20 米,重达 40 吨。所幸它们的食物是浮游生物,否则,人类面临的灾祸可谓巨大了。虽然鲸鲨的体型庞大,它的牙齿在鲨鱼中却是最小的。最小的鲨鱼是侏儒角鲨,小到可以放在手上。它长约 20~26 厘米,重量还不到 0.4 千克。

大白鲨是目前为止海洋里最厉害的鲨鱼,以强大的牙齿称雄。

大白鲨所享有的盛名和威名举世无双。作为大型的海洋肉食动物之一,大白鲨有着独特冷艳的色泽、乌黑的眼睛、凶恶的牙齿和双颚,这不仅让它成为世界上最易于辨认的鲨鱼,也让它成为几十年来人类眼里的"热门人物"。

虽然鲨鱼的袭击看起来可能十分凶残，但鲨鱼并不是那种不断地寻找人类作为攻击目标的邪恶生物。既然对吃人不感兴趣，为什么还要攻击伤人呢？在鲨鱼造成的事故中，有百分之九十以上属于误伤。一种原因是，人侵入它的地盘，警觉攻击；另一种原因是它们误以为人类是别的某种生物。鲨鱼在咬了受害者之后，会在几秒钟内一直咬着对方，一旦发现不是它们平日里的食物，会放开。但是由于鲨鱼牙齿极为锋利，在攻击时会对人造成严重的伤害。在某些情况下，鲨鱼的第一口就能把胳膊或腿完全咬断。一位外科医生在为一名十几岁的澳大利亚冲浪者做手术后，把他失去的一条腿形容为"就像铡刀铡过一样"。即便没有把人的胳膊或腿咬断，也会咬掉一大块肉，撕下肌肉和骨头。如果鲨鱼咬在人的躯干上，可能会使肋骨裂开，弄断其他骨头，还可能把大块的皮肤撕下来。有时，这会使体内的器官暴露在外并受到伤害。

凶狠的大白鲨使喜欢嬉水的人类惶恐，好在它的天敌虎鲸可以制衡它。

📖 **知识链接**

鲨　鱼

大白鲨是海洋中攻击人的体型最大的食肉类鲨鱼。鲨鱼身体坚硬，肌肉发达，不同程度地呈纺锤形。口鼻部分因种类而异，有尖的，如灰鲭鲨和大白鲨；也有大而圆的，如虎纹鲨和宽虎纹鲨的头呈扁平状。垂直向上的尾（尾鳍），大致呈新月形，大部分种类的尾鳍上部远远大于下部。

海洋中的智者海豚

科普档案 ●名称:海豚 ●分布区域:世界各大洋 ●特征:本领超群,智力发达,聪明伶俐

在水族馆里,海豚能够按照训练师的指示表演各种美妙的跳跃动作,似乎能了解人类所传递的信息,并采取行动。遇到鲨鱼的航行中,海豚为人类护航,人们不禁惊叹这种美丽又可亲的海洋动物是如此的聪明。

海豚被人们认为是高智慧海洋动物。它可以在光线黑暗、地质情况复杂的海洋世界里灵活、准确地跟踪和捕捉各种目标而不因碰撞伤害自己。它分辨目标的本领很高,在3千米以外,它能分辨出在水中游动的是它喜欢吃的石首鱼还是厌恶的鲻鱼。蒙住它的眼睛,它能在迷宫中避开障碍物,自由自在地游来游去,也能准确无误地区分两个直径分别为5.2厘米、6.1厘米的镍钢球。有人做过一个试验,在一张网上做了两个门,轮流开关,关着的门用透明的塑料板挡起来,看上去好像开着的一样,让海豚进入网中,

□高智慧海洋动物——海豚

炫彩瑰丽的海洋万象

海洋中的智者海豚

□聪明的海豚

它从来也不会走错门。如果在水中放两条鱼，一条用玻璃板隔起来，结果每次海豚都抓到了水中的鱼，而绝不会碰在玻璃板上。它学习本领快，猴子需要几百次才能学会的本领，聪明的海豚只需要20次就可以掌握了。

聪明的海豚经过人类训练后可进行多方面的协助工作。1971年越南战争期间，美国海军在越南金兰湾曾部署由12名驯兽员和6只海豚组成的"水下侦察兵"分队，作为水下"哨兵和杀手"，用以对付企图接近美国军舰的越南潜水员。海豚被安置在动力浮箱小艇里，昼夜不停地监视"敌人"，每隔30秒钟，就能对通往金兰湾的各航道"扫描一次"，其效率与准确性远远超过声呐，"扫描"距离可达约365米。据美国中央情报局透露，这些经过训练的海豚，一旦发现越南潜水员后，立即向驯兽员发出无线电信号。接到指令后，它就会飞快地追上前去，把固定在头部类似注射器的武器插入对方体内，并放出高压二氧化碳。被刺伤的人，皮下肌肉绽裂，气体源源注入，导致结肠、直肠脱位而集结在一起向肛门冲去，胃部则被挤向上方，从口腔喷出，尸体因充满气体而浮出海面。据统计，在15个月内，海豚共截击了对方60名潜水员。

美国海军还用"海豚兵"进行寻找、识别和找捞作业。1965~1967年间，美国在试验"阿斯罗克"反潜火箭和"天狮星"巡航导弹时，海豚成功地在60

018

米深处找到了"阿斯罗克"反潜火箭脱落的战斗部和"天狮星"导弹的发射轮架。1967~1968年，海豚首次被用于寻找和识别同样装有音响信标的教学水雷。直升机将海豚运到搜索海域，并用专门的拖架将其放入海中。3天内，有一只海豚找到了17枚水雷，它们完成任务的时间，比一般潜水员缩短了一半。

为什么海豚这么聪明呢？原因是它拥有特别的大脑。

海豚的脑部非常发达，不但大而且重。海豚大脑半球上的脑沟纵横交错，形成复杂的皱褶，而且大脑皮质每单位体积的细胞和神经细胞的数目非常多，神经的分布也相当复杂。根据研究显示，大西洋瓶鼻海豚的皱褶甚至比人类的还多，而且更为复杂。它们的大脑皮质表面积为3745平方厘米，人类大脑皮质的表面积则为2500平方厘米，前者约为后者的1.5倍。海豚脑部神经细胞的数目，比人类或黑猩猩的还要多。大西洋瓶鼻海豚的脑部重量约为1500克，这数值和成年男性的脑重1400克相近；而大西洋瓶鼻海豚的体重约250千克，故脑重和体重的比值约为0.6%，这一数值虽然远低于人类的1.93%，但却超过大猩猩或日本猕猴等灵长类的比值。因此，无论是从脑重和体重的比，或是从大脑皮质的皱褶数目来看，大西洋瓶鼻海豚脑部的记忆容量，或是信息处理能力，均应和灵长类不相上下。

自古以来海豚和人类的关系就十分密切，有许多动人的佳话。

1871年的夏天，在新西兰的海岸地区，大雾迷漫，一艘远洋海轮在暗礁丛生的浅海地区颠簸，分不清航道，面临触礁的危险。这时，一只白色的海豚赶来为这艘船领航，船长指挥轮船跟着海豚，穿过迷雾，绕过暗礁，顺利地到达了安全地区。从那以后，每艘海船经过这里时，这只白海豚都来领航。有一次，这只海豚在领航的时候，被船上的一名旅客开枪打伤了。可是过了几个星期以后，这只"心地善良"的海豚又来领航了。为了保障海船的航道安全和保护海豚，新西兰政府专门召开了会议，颁布一条法令：任何人都不得伤害这只白海豚。从这以后，这只白海豚夜以继日地执行"领航任务"，在长达40年的漫长时间里从不间断，直至1912年，这只白海豚为人类鞠躬尽瘁一生后，才在海面上永远消失。

据美联社报道过的消息称，一名救生员豪斯托与十五岁的女儿妮丝及两名朋友在旺阿雷镇附近的海滩游泳。一群海豚逐渐游向众人身边，把他们四人围在一起，然后紧贴在旁打圈游弋。当豪斯托尝试突破海豚的保护范围时，两条体积较大的海豚把他推回包围圈内。此时，豪斯托发现一条长达约3米的大白鲨向他们游来，但未敢突破海豚群设下的保护圈。研究海洋哺乳类动物达14年的女学者维塞尔说，全世界都有海豚保护人类的报告。她认为在这次事件中，众海豚或察觉人类有被鲨鱼袭击的危险，因而齐来相助。

专家表示，海豚太过聪明，不适合在主题公园表演，也不应强迫它们与人类共泳，那会让它们心灵受创。

📖 **知识链接**

海豚救人

动物学家称，海豚救人不是一种有意识的行为，而是由溺水反射引起的一种本能。海豚发现同伴在水下受到窒息和死亡的威胁时，就会赶去营救，把受难者托出水面，使它打开喷水孔，完成呼吸动作。这种行为是在长期的自然选择中形成的，对于延续种族、保护同类生存十分必要。海豚不仅对于同类，对于人甚至无生命的物体，也会产生同样的推逐反应。因而，这种救人行为其实只是海豚的一种本能。

漂亮的海洋花朵珊瑚礁

科普档案　●名称:珊瑚礁　●形成条件:适宜水温、盐度、水深、光照、海平面变动、海底地形和底质等

海底世界有一些形态多样、色彩缤纷、光彩夺目的礁石,这就是珊瑚礁。美丽的珊瑚礁因各种环境问题出现了白化现象,很可能有一天,它们就会从我们的世界消失。

珊瑚礁的主体是由珊瑚虫组成的。珊瑚虫是海洋中的一种腔肠动物,在生长过程中能吸收海水中的钙和二氧化碳,然后分泌出石灰石,变为自己生存的外壳。每一个单体的珊瑚虫只有米粒那样大小,它们一群一群地聚居在一起,一代代地新陈代谢、生长繁衍,同时不断分泌出石灰石,并黏合在一起。这些石灰石经过以后的压实、石化,形成岛屿和礁石,也就是所谓的珊瑚礁。

在深海和浅海中均有珊瑚礁存在。世界上珊瑚礁多见于南北纬30°之间的海域中,尤以太平洋中、西部为多。按形态划分有:裙礁(岸礁)、堡礁、环礁、桌礁及一些过渡类型。据估计,全世界珊瑚礁连同珊瑚岛面积共有1000万平方千米。珊瑚礁生长速度一般为每年2.5厘米左右。有些珊瑚礁厚度很大,是因珊瑚礁生长发育过程中礁基不断下沉或海面不断上升所致。

珊瑚礁是石珊瑚目的动物形成的一种结构。这个结构可以大到影响其周围环境的物理和生态条件。珊瑚礁为许多动植物

□珊瑚礁

□美丽的珊瑚礁

提供了生活环境,其中包括蠕虫、软体动物、海绵、棘皮动物和甲壳动物。此外珊瑚礁还是大洋带的鱼类幼鱼生长地。

珊瑚礁蕴藏着丰富的矿产资源。礁灰岩是多孔隙岩类,渗透性好,有机质丰度高,是油气良好的存储层。目前已发现和开采的礁型大油田有10多个,可采储量50多亿吨。礁型气田也是高产的。大型油气田多产于古代的堡礁中。珊瑚礁及其泻湖沉积层中,还有煤炭、铝土矿、锰矿、磷矿。礁体粗碎屑中发现铜、铅、锌等多金属层控矿床。礁作为储水层具有工业利用价值。珊瑚灰岩可作为烧制石灰、水泥的良好原料。有潮汐通道与外海沟通的环礁泻湖,可辟为船舶的天然避风港。珊瑚礁灰岩覆盖的平顶海山,可作为水下实验的优良基地。千姿百态的珊瑚可作为装饰工艺品。五彩缤纷的礁栖热带鱼类可供人们观赏。有些珊瑚早已被用作药材。礁区具有丰富的渔业、水产资源。不少礁区已开辟为旅游场所。

据媒体报道,很多海域已经出现了珊瑚礁白化现象,美丽的珊瑚礁可能会消失。整个东南亚、印度洋和太平洋的珊瑚礁都在白化。受欢迎的旅游景点马尔代夫已严重白化,加勒比海也面临白化的威胁。专家担心2010年比1998年的白化更加严重,1998年全世界损失了16%的珊瑚礁。香港《星岛日报》曾报道,360名潜水专家进行珊瑚礁普查,结果亦显示6个地点出现珊瑚白化现象。

珊瑚礁提供了1/4海洋生物的栖息地和食物,白化则使鱼类和其他物种失去栖息地和食物。

在造礁珊瑚的体内,共生有大量的虫黄藻,正是它们为珊瑚染上绚丽的色彩。虫黄藻可以进行光合作用,一面制造养料,一面为造礁珊瑚的生长清除代谢的废料(二氧化碳等)并提供氧气。然而,珊瑚是一种活生物,极度敏感。如果海水温度超过一定范围,珊瑚就会抛弃虫黄藻,恢复成白色,如果虫黄藻不再回来,珊瑚就会死去。第一个白化珊瑚礁是70年前人们在澳大利亚大堡礁的一次探险活动中发现的。然而到了70年代,在世界不同的地方都发现了白化珊瑚礁。世界野生生物基金会的一份报告指出,在1979~1990年短短的12年间,就发现了60起珊瑚礁白化病例,而在这之前的103年中仅证实有过3起。悉尼大学生物科学院教授奥韦·霍格·古尔贝格,最近15年来对全球的白化珊瑚礁做了研究,他在研究报告中得出结论:除非气候不再变化,否则珊瑚礁白化将日趋频繁,2030~2070年甚至每年都会有这种现象发生。100年内,珊瑚礁将会从地球上的绝大部分地方消失。

大范围珊瑚礁白化主要是由全球环境变化引起的,尤其是全球变暖和紫外辐射增强,此外环境污染也是重要因素。导致珊瑚礁白化的机制主要在于细胞机制和光抑制机制。珊瑚礁白化的后果在于降低珊瑚繁殖能力、减缓珊瑚礁生长、改变礁栖生物的群落结构,导致大面积珊瑚死亡和改变珊瑚礁生态类型,如变为海藻型等。珊瑚礁白化后的恢复与白化程度有关,大范围白化的珊瑚礁完全恢复需要几年到几十年。

📖 知识链接

珊瑚礁白化

珊瑚礁白化是由于珊瑚失去体内共生的虫黄藻和(或)共生的虫黄藻失去体内色素,而导致五彩缤纷的珊瑚礁变白的生态现象,这种现象是在海水温度过度升高时发生的。近年来,频繁发生的珊瑚礁白化导致了珊瑚礁生态系统严重退化,并已经影响到全球珊瑚礁生态系统的平衡,引起了人们的高度重视。

海底温床海草床

大片的海草不均匀地分布在海底，像绿色的温床，这就是海草床。它不仅是海洋生物的栖息地和食物链，更能稳固海岸线、促进养殖业发展、带动旅游和工业发展，作用巨大。

海草是继红树林和珊瑚礁以外又一个重要的海洋生态系统,大面积的连片海草被称为海草床,是许多大型海洋生物甚至哺乳动物赖以生存的栖息地,在生态上具有重要意义。

海草床与红树林、珊瑚礁共称三大典型的海洋生态系统。研究发现,在海草床中,可找到超过100种的生物品种,每平方米总数量有5万;而在没有海草的地方,只有60种以下,每平方米总数量少于1万。因此,海草床是成千上万动植物赖以生存的重要资源,是巨大的海洋生物基因库。

海草床是海洋生物的栖息地和重要食物链,具有稳固近海底质和海岸线的作用。海草床生态系统能改善海水的透明度,减少富营养质,为大量海洋生物提供栖息地,其中包括底栖动植物、深海动植物、附生生物、浮游生

□海草床

□海草床是海洋生物的栖息地

物、细菌和寄生生物,海草床更是鱼、虾及蟹等的生长场所和繁衍场所。海
草床里的腐殖质特别多,同时有利于海鸟的栖息。海草床是浅海水域食物
网的重要组成部分,直接食用海草的生物包括儒艮、海胆、马蹄蟹、绿海龟、
海马、鱼类等。死亡的海草床又是复杂食物链形成的基础,细菌分解海草腐
殖质,为沙虫、蟹类和一些滤食性动物如海葵和海鞘类提供食物。大量腐殖
质的分解释放出氮、磷等营养元素,溶解于水中被海草和浮游生物重新利
用。而浮游植物和浮游动物又是幼虾、鱼类及其他滤食性动物的食物来源。
海草是一种根茎植物,生长于近海海岸淤泥质或沙质沉积物上,可抓紧泥
土,减弱海浪冲击力,减少沙土流失,起到巩固及防护海床底质和海岸线的
作用。

　　成片的海草床是被誉为"蓝色农业"的海洋生态养殖业的重要基地。海
南东部海域有成片的海草床,通过海洋生态养殖,即通过调查各个海草床
海域的海洋生态环境容量,全面收集相关数据进行研究分析,确定该海草
床所在海域对海水养殖产生污染的最大承受能力,最终确定最适宜的海水
养殖容量、养殖种类、养殖密度和布局,从而实现经济效益和环境效益的统
一,保证海南海草床生态系统的健康和海洋养殖业的可持续发展。

　　海草床资源可以带动相关加工业的发展。海草的编织工艺品,如海草

□海草床是海洋生态养殖业的重要基地

画、海草篮、海草包等,在欧美市场很抢手,是出口创汇的重要产品。从海草中提取的有效成分,可以制造多种美容护肤品,也是多种保健品的重要原料。

海草床资源还可以带动相关高科技产业的发展。美国科学家通过基因工程技术,将海草中的基因注入陆地作物高粱的基因中,于1997年培植出第一批可用海水浇灌的新型高粱。德国科学家利用海草中含有的碳酸钙,于2001年制成性能几乎与人的骨头完全一样的人造骨,是理想的骨组织替代物。美国科学家正在研究海草上的真菌和微生物,寻找含有对付癌症和其他21世纪瘟疫的有效成分。因此,保护好海南的海草床资源,在保护中科学开发海草床资源,对海南经济社会可持续发展具有巨大的推动作用。

海草床资源保护区是开展海洋生态旅游的理想场所。生态旅游是以独特的自然资源为基础的高层次旅游活动,是令当地人民从保护自然资源中得到经济收益的一种旅游文化。海南的海草床资源作为独特的海洋生态系统,既可规划建设成生态自然保护区,又是开展海洋生态旅游的理想场所。

国家海洋局组织的海洋生态调查人员在我国南海海域对重要的海洋生态系统海草进行了调查,并且首次发现具有重要生态价值的海草床生态系统。在海南陵水附近海域，调查人员对海草分布比较密集的新村港港湾进行了水下观测和采样分析，经过对这一带海草密度和面积的勘察评估，专家确认这里已经具备了海草床的生态特征。

调查发现，在新村港港湾有 2/5 的海床生长着茂密的海草，而且仍处在继续发育的状态，十分罕见。专家分析认为，这是由于港湾内水温适宜，海湾环境使海草床躲避了风浪的破坏，再加上当地政府有意识地加以保护，才使这里保存了完好的海草床生态系统。

联合国环境规划署 2003 年首次发表了针对世界沿海地区海草床分布的调查报告。该报告显示，在过去的 10 年中，已经有约 2.6 万平方千米的海草生态区消失，减少了 14.7%，海草床的生态环境遭受着严重的威胁。海南海草床的生态环境同样遭受着不同程度的破坏。

人为污染是海南海草床衰落的最重要因素，包括陆地和海上排放的污染，主要为工业与生活污水、交通和投饵养殖等，由此引起的海水富营养化和带来的悬浮物大大降低了海草床的光射入，降低了海草的光合作用能力，严重阻碍了海草的生长甚至导致整个海草种群的衰落。

人类应该加强海草床资源保护意识，保护我们的生活环境。

📕 **知识链接**

海 草

　　海草是一种开花的草本高等植物，由叶、根茎和根系组成，生长于热带、温带近岸海域或滨海河口区水域中的淤泥质或沙质沉积物上，是从陆地逐渐向海洋迁移而形成的。目前全世界各海域的海草共有 12 属，我国共有 9 属，海南共有 4 属。

大洋皮肤病赤潮

科普档案 ●名称:赤潮 ●产生原因:人类活动,海水富营养化,海水的温度,海水养殖的自身污染等

炎夏暴雨后,又逢高温闷热天气,一夜之间碧波荡漾的海湾,湛蓝的海水改变了颜色,海风吹来阵阵难闻的腥臭味,死鱼虾尸漂浮海面,贝类相继死亡。这就是赤潮发生时的可怕景象。

赤潮,又被称为"红色幽灵",是指海洋浮游生物在特定环境下爆发性增殖所造成的一种有害生态现象。赤潮是一个历史沿用名,它并不一定都是红色,是许多赤潮的统称。赤潮发生的原因、种类和数量不同,水体会呈现不同的颜色,有红色或砖红色、绿色、黄色、棕色等。值得指出的是,某些赤潮生物引起的赤潮并不会引起海水呈现任何特别的颜色。

目前,赤潮已成为一种世界性的公害,美国、日本、中国、加拿大、法国、瑞典、挪威、菲律宾、印度、印度尼西亚、马来西亚、韩国、香港等30多个国家和地区赤潮发生都很频繁。

海洋是一种生物与环境、生物与生物之间相互依存、相互制约的复杂生态系统。系统中的物质循环、能量流动都是处于相对稳定、动态平衡的状态,当赤潮发生时这种平衡就会遭到干扰和破坏。在植物性赤潮发生初期,由于植物的光合作用,水体会出现高叶绿素a、高溶解氧、高化学耗氧量。这种环境因素的改变,致使一些海洋生物不能正常生长、发育、繁殖,导致一些生物逃避甚至死亡,破坏了原有的生态平衡。

赤潮对水生生物最大的威胁是引起水中缺氧,由于赤潮生物大量繁殖,覆盖整个海面,而且死亡了的赤潮生物极易被微生物分解,从而消耗了水中的溶解氧,使海水缺氧甚至无氧,导致海洋生物的大量死亡。一些微细的浮游生物大量繁殖,也会黏住动物的鳃,使其呼吸困难,严重者也可致其

□赤潮

死亡。另外,赤潮生物所产生的毒素排入水中还会对海洋生物产生毒素作用。赤潮生物的死亡,会促使细菌繁殖,有些种类的细菌或由这些细菌产生的有毒物质能将鱼、虾、贝类毒死。

根据日本1979年的统计,在全部的海洋污染事件中,赤潮占8%。自1970年以来,赤潮已成为日本一种不可避免的海洋灾害。以濑户内海为例,1955年前的几十年间共发生过5次赤潮,而1959~1965年10年间就发生了39次;1996–1980年15年间竟先后发生了2589次,平均每年170余次,其中造成严重危害的有305次。1975和1976年两年,每年都在300次以上。根据统计,1965~1973年5年间,日本全国因赤潮造成的渔业经济损失达2417亿日元,平均每年几百亿日元。

近年来我国赤潮发生的频率也越来越高,地区也越来越广。据不完全统计,1980~1992年,在我国海域共发现赤潮近300次,是70年代的15倍。仅1989年一年,我国沿海就有六个地区遭受赤潮的袭击,直接经济损失2亿元以上。其中8~10月,河北省黄骅市近海1733.33公顷虾池受灾,损失3000万元,唐山市和沧州市则分别因此损失8000万元和3000多万元。1990年在海南岛西北部海域也因赤潮造成2800多万元的渔业损失。

赤潮不仅对渔业、养殖业危害甚大,而且还直接对人类的健康产生威胁。专家提醒人们慎食赤潮肆虐海域的海鲜,警惕赤潮毒素成为人类的"健康杀手"。

有些赤潮生物分泌赤潮毒素，鱼、贝类处于有毒赤潮区域内，摄食这些有毒生物，虽不能被毒死，但生物毒素可在体内积累，其含量大大超过人体可接受的水平。这些鱼虾、贝类如果不慎被人食用，就可能引起人体中毒，严重时可导致死亡。

研究表明，世界上有50多种会引起赤潮的赤潮生物。其中，最普通最常见的为夜光虫、腰鞭毛虫、裸甲藻等10个种类。形成赤潮的主要浮游生物种类不同，赤潮的颜色也不同。鞭毛藻可引起绿赤潮，某些硅藻产生红褐色赤潮，真正形成红赤潮的浮游生物是夜光虫。科学家根据赤潮的颜色，即可大体判断"赤潮"生物的种类组成。

科学家研究认为生产生活污水的过量排放，给海洋带来大量的氮、磷等营养盐，造成海水"富营养化"，海中一些特殊生物——赤潮生物便会急剧而大量地繁殖起来，这就形成了赤潮。

从近几年海洋环境监测情况来看，由于海洋生态环境遭到破坏，某些海域水污染加剧，导致了海洋污染日益严重，赤潮的发生次数和范围日益扩大，不得不引起人们的关注。但就目前的技术手段来看，人们还只能以防为主，做好赤潮监测防治，搞好防灾减灾工作。保护海洋生态，是减少赤潮发生次数，减少其所带来的损失的最好办法。

📕 知识链接

海洋浮游藻

海洋浮游藻是引发赤潮的主要生物，在全世界4000多种海洋浮游藻中有260多种能形成赤潮，其中有70多种能产生毒素。赤潮藻中的"藻毒素"在贝类和鱼类的身体里累积，人类误食以后轻则中毒，重则死亡，因此人们又将赤潮毒素称为"贝类毒素"。

海洋"黑势力"黑潮

科普档案　●名称：黑潮　●特征：流速强、流量大、流幅狭窄、延伸深邃、高温高盐

　　日益污染的自然环境给生态系统带来多种负面影响，赤潮横行鱼虾死亡的同时，还有一种黑色的海流奔涌而至，这就是黑潮。黑潮真是黑色的吗？它的出现是什么原因？它对人类和自然环境有什么影响？

　　在北太平洋西部海域，有一股强劲的海流犹如一条巨大的江河，从南向北，滚滚向前，昼夜不息地流淌着，它就是黑潮。黑潮是世界海洋中第二大暖流，具有流速强、流量大、流幅狭窄、延伸深邃、高温高盐等特征。

　　黑潮的水并不黑，甚至比一般海水更清澈透明，这是因为黑潮含极少杂质，能见度达 30~40 米深。不过，当太阳的散射光照射到黑潮海面时，水分子偏重于散射蓝色光波，其他光波如红、黄等长波被水分子吸收，所以当人们从上往下看海水时，海水成了蓝黑色。也由于海的深沉，水分子对折光的散射以及藻类等水生生物的作用等，外观上好似披上黑色的衣裳。这样，人们就习惯地称它为黑潮，以区别于其他的一般海水。

　　黑潮是一支强大的海流。夏季，它的表层水温达 30℃，到了冬季，水温也不低于 20℃。在我国台湾的东面，黑潮的流宽达 280 千米，厚 500 米，流速 1~1.5 节（1 节=1.852 千米/小时）；入东海后，虽然流宽减少至 150 千米，速度却加快到 2.5 节，厚度也增加到 600 米。黑潮流得最快的地方是在日本潮岬外海，一般流速可达到 4 节，不亚于人的步行速度，最大流速可达 6~7 节，比普通机帆船还快。整个黑潮的径流量等于 1000 条长江。黑潮是太平洋洋流的一环，为全球第二大洋流，只居于墨西哥湾暖流之后。自菲律宾开始，穿过台湾东部海域，沿着日本往东北方向流，在与亲潮相遇后汇入东向的北太平洋洋流。黑潮将来自热带的温暖海水带往寒冷的北极海域，将冰

□ 黑潮

冷的极地海水变暖,成为适合生命生存的温度。黑潮的流速相当快,可提供给洄性鱼类一个高速公路般快速便捷的路径,向北方前进,故黑潮流域中可捕捉到为数可观的洄游性鱼类和其他受这些鱼类吸引过来觅食的大型鱼类。

黑潮从中国台湾东侧流入东海,继续北上,过吐噶喇海峡,沿日本列岛南面海区流向东北;大约在北纬35°、东经141°附近海域离开日本海岸蜿蜒东去;最后在东经165°左右的海域里向东逐渐散开。黑潮流到这里,就叫北太平洋流了。

黑潮是怎么形成的呢?传送热能的海流黑潮是由北赤道流转变而来的。由于北赤道流受强烈的太阳辐射,因而黑潮海流具有高水温、高盐度的特点。据调查,黑潮的表层水温都比较高。夏季在27℃~30℃,即使在冬季,表层水温也不低于20℃,它比邻近海水高5℃~6℃,因此,人们又把黑潮称之为"黑潮暖流"。因为黑潮暖流自身拥有大量的热能,黑潮的部分暖水直接或间接参与了陆架海区的环流。

黑潮对人类有着重大的影响,它与气候关系密切。

日本气候温暖湿润,就是受惠于黑潮环绕。我国青岛与日本的东京、上海与日本九州纬度相近,而气候却差异不少,这是因为海洋暖流对大气有直接影响。据科学家计算,1立方厘米的海水降低1℃释放出的热量,可使

3000多立方厘米的空气温度升高1℃。假若全球100米厚的海水降低1℃，其放出的热能可使全球大气增加60℃！

对我国与日本等国气候影响最大的是黑潮的"蛇形大弯曲"。所谓"蛇形大弯曲"，也叫"蛇动"，是指黑潮主干流有时会形如蛇爬那样弯弯曲曲。海洋气象学家的研究告诉人们，通过监测冬季黑潮水温的变化，可以预测来年的气候。进入秋末冬初时，只要测出吐噶喇海峡的水温比往年平均水温高，我国北部平原地区来年春季降雨量就会比常年多。由此可见，海洋方面的这类研究对气象预报的重要性。人们发现，如果"蛇形大弯曲"远离日本海岸，结果是沿岸的气温下降，气候寒冷干燥；相反，则使日本沿岸气温升高，空气温暖湿润。

黑潮对它所经过的沿岸各国的影响远不止上述几个方面。它对渔业生产也有重大的影响，最主要表现在"海洋锋面"的形成和它对渔场的形成所起的作用上。两支海流相会，将引起海水上下翻腾，把下层丰富的营养物质带到表层，促使浮游生物迅速繁殖，渔场也就在这样的条件下形成了。我国享有"天然鱼仓"之称的舟山渔场，就处在暖流和沿岸流之间的"海洋锋面"。日本东部海区处在黑潮暖流和亲潮寒流之间的"海洋锋面"上，因而也是世界著名的大渔场。

黑潮流经范围广，影响大，要想了解整个黑潮的变化，揭开黑潮之谜，是件十分困难的事情。

📖 知识链接

黑　潮

黑潮的流幅和厚度并不都是一样的，在不同的海区里有不同的变化。通常它的宽度为150千米。在日本列岛南面海域，黑潮的最大宽度可达200~300千米。它的厚度达1000米以上。黑潮的流速比一般海流要快得多，它的流速为每小时3~10千米。黑潮在我国东海的流量为约3000万立方米每秒钟，这个流量相当于我国第一大河长江流量的1000倍，可见黑潮之流量极为可观。

无形杀手次声波

科普档案 ●名称:次声波 ●特征:来源广,传播远,穿透力强,有伤害性,不易衰减,不易被水和空气吸收

有一种声波,会干扰人神经系统的正常功能,危害人体健康。当它达到一定强度后,能使人头晕、恶心、呕吐,严重者甚至可以导致死亡,这就是无形的杀手——次声波。

1948年初,一艘荷兰货船在通过马六甲海峡时,遇上一场风暴,之后全船海员莫名其妙地死光。

不是死于天火雷击,也不是死于海盗刀下,更不是死于饥饿干渴,也没有打斗痕迹,法医鉴定死者生前个个身体健康,那么船员是怎么死的?无端的惨案引起了科学家们的普遍关注,经过反复调查,人们终于弄清楚了海上惨案的"真凶"——次声波。

频率小于20赫兹的声波叫作次声波。在自然界中,海上风暴、火山爆发、海啸、电闪雷鸣、波浪击岸、水中漩涡、空中湍流、龙卷风、磁暴、极光等都可能伴有次声波的发生,在人类活动中,诸如核爆炸、导弹飞行、火炮发射、轮船航行、汽车奔驰、高楼和大桥摇晃,甚至像鼓风机、搅拌机、扩音喇叭等在发声的同时也都能产生次声波。据研究称,著名的"杀人乐曲"《黑色星期天》所弹奏的旋律也属于次声波。

次声波不容易衰减,不易被水和空气吸收,它的波长往往很长,因此能绕开某些大型障碍物发生衍射,某些次声波能绕地球2~3周。某些频率的次声波由于和人体器官的振动频率相近,容易和人体器官产生共振,对人体有很强的伤害性,危险时可致人死亡。

次声波的特点是来源广、传播远、穿透力强。次声波频率很低,一般均在20赫兹以下,波长却很长,传播距离也很远。它比一般的声波、光波和无

线电波都要传得远。次声波具有极强的穿透力，不仅可以穿透大气、海水、土壤，而且还能穿透坚固的钢筋水泥构成的建筑物，甚至连坦克、军舰、潜艇和飞机都不在话下。次声波的传播速度和可闻声波相同。

□克拉卡托火山爆发，产生的次声波绕地球3圈

1883 年 8 月，南苏门答腊岛和爪哇岛之间的克拉卡托火山爆发，产生的次声波绕地球 3 圈，全长 10 多万千米，历时 108 小时。1961 年，苏联在北极圈内新地岛进行核试验激起的次声波绕地球转了 5 圈。7000 赫兹的声波用一张纸即可阻挡，而 7 赫兹的次声波可以穿透十几米厚的钢筋混凝土，地震或核爆炸所产生的次声波可将岸上的房屋摧毁。次声波如果和周围物体发生共振，能放出相当大的能量。如 4~8 赫兹的次声波在人的腹腔里产生共振，可使心脏出现强烈共振并使肺壁受损。

50 年前，美国一个物理学家罗伯特·伍德专门为英国伦敦一家新剧院做音响效果检查。开演后，罗伯特·伍德悄悄打开了仪器，仪器无声无息地在工作着。不一会儿，剧场内一部分观众便出现了惶惶不安的神情，并逐渐蔓延至整个剧场，当他关闭仪器后，观众的神情才恢复正常。这就是著名的次声波反应试验。

次声波会干扰人神经系统的正常功能，危害人体健康。一定强度的次声波，能使人头晕、恶心、呕吐、丧失平衡感甚至精神沮丧，更强的次声波还能使人耳聋、昏迷、精神失常甚至死亡。

原来，人体内脏固有的振动频率和次声波频率相近似，倘若外来的次声波频率与身体内脏的振动频率相似或相同，就会引起人体内脏的"共振"，从而使人产生上面提到的一系列症状。特别是当人的腹腔、胸腔等固有的振动频率与外来次声波频率一致时,更易引起人体内脏的共振,使人体内脏受损而丧命。上文提到的发生在马六甲海峡的惨案,就是因为海上起了风暴,风暴与海浪摩擦,产生了次声波,次声波使人的心脏和其他内脏剧烈抖动、狂跳,以致血管破裂,最后死亡。

科学家们也发现,当次声波的振荡频率与人们的大脑节律相近,且引起共振时,能强烈刺激人的大脑,轻者恐惧,狂癫不安;重者突然晕厥或完全丧失自控能力,乃至死亡。

正因为次声波能对人体造成危害,世界上有许多国家已明确将其列为公害之一,规定了最大允许次声波的标准,并从声源、接受噪声、传播途径入手,实施了可行的防治方法。

📖 知识链接

次声波武器

近年来,一些国家利用次声波能够"杀人"的特性致力于次声波武器——次声波炸弹的研制。科学家们预言:只要次声波炸弹一声爆炸,瞬息之间,方圆十几千米的地面上的所有人都将被杀死,且无一能幸免。次声波武器能够穿透15厘米的混凝土和坦克钢板,人即使躲到防空洞或钻进坦克的"肚子"里也还是一样难逃厄运。

海洋浩劫海啸

科普档案 ●名称:海啸　●分类:风暴潮、火山海啸、滑坡海啸、地震海啸　●特点:毁灭性巨大

　　伴随着震耳欲聋的声响，滔天巨浪咆哮着席卷而来，顷刻间房屋、汽车、人类全都像一片片树叶被卷进浪里，人类闻之色变的惊天浩劫——海啸，带给世界各国人民太多的灾难和惊恐。

　　水下地震、火山爆发或水下塌陷和滑坡等激起的巨浪，在涌向海湾内和海港时所形成的破坏性的大浪称为海啸。破坏性的地震海啸，只在出现垂直断层、里氏震级大于6.5级的条件下才能发生。当海底地震导致海底变形时，变形地区附近的水体产生巨大波动，海啸就产生了。海啸具有强大破坏力，是地球上最强大的自然力。

　　海啸是一种灾难性的海浪，通常由震源在海底下50千米以内、里氏震级6.5级以上的海底地震引起。水下或沿岸山崩或火山爆发也可能引起海啸。在一次震动之后，震荡波在海面上以不断扩大的圆圈，传播到很远的距

□海啸

□海啸是一种灾难性的海浪

离。海啸波长比海洋的最大深度还要大，轨道运动在海底附近也没受多大阻滞，不管海洋深度如何，波都可以传播过去。

海啸在海洋的传播速度大约每小时 500 到 1000 千米，而相邻两个浪头的距离可能远达 500~650 千米，它的这种波浪运动所卷起的海涛，波高可达数十米，并形成极具危害性的"水墙"。海啸的传播速度与它移行的水深成正比。在太平洋，海啸的传播速度一般为每小时两三百千米到 1000 多千米。海啸不会在深海大洋上造成灾害，正在航行的船只甚至很难察觉这种波动。海啸发生时，越在外海越安全。一旦海啸进入大陆架，由于深度急剧变浅，波高骤增，可达 20~30 米，这种巨浪可带来毁灭性灾害。

1883 年 8 月，印尼火山岛喀拉喀托的火山爆发是人类史上最厉害的一次。此次火山爆发，远在澳大利亚都能听见。火山爆发引发的海啸巨浪高达 130 英尺（合 40 米）。根据美国地质勘探局（USGS）的报告，仅爪哇岛和苏门答腊岛，海浪就冲走 165 个村庄。海啸掀起的海浪直到远在 4350 英里（合 7000 千米）的阿拉伯半岛才停息下来。

2004 年 12 月 26 日，强达里氏 9.1~9.3 级大地震袭击了印尼苏门答腊岛海岸，持续时间长达 10 分钟。此次地震引发的海啸甚至危及远在索马里的海岸居民，印尼死亡 16.6 万人，斯里兰卡死亡 3.5 万人。印度、印尼、斯里兰卡、缅甸、泰国、马尔代夫和东非有 200 多万人无家可归，死亡 22.6 万人，在地震死亡人数中只排名第四，但在海啸死亡人数中却排名第一。

2011 年 3 月 11 日 14 时 46 分发生在西太平洋国际海域的里氏 9.0 级

地震,震中位于北纬38.1°,东经142.6°,震源深度约20千米。日本气象厅随即发布了海啸警报,称地震将引发约6米高海啸,后修正为10米。根据后续研究表明,海啸最高达到23米。此次的9.0级地震是全世界第五高,1960年发生的智利9.5级地震和1964年阿拉斯加9.2级地震分别排第一和第二。日本官方已确认地震海啸造成8133人死亡,失踪12272人。

在大地震之后如何迅速、正确地判断该地震是否会激发海啸,这仍然是个悬而未决的科学问题。尽管如此,根据目前的认知水平,仍可通过海啸预警为预防和减轻海啸灾害做出一定的贡献。海啸预警的物理基础在于地震波传播速度比海啸的传播速度快。所以在远处,地震波要比海啸早到达数十分钟乃至数小时,具体数值取决于震中距和地震波与海啸的传播速度。如能利用地震波传播速度与海啸传播速度的差别造成的时间差分析地震波资料,快速、准确地测定出地震参数,并与预先布设在可能产生海啸的海域中的压强计(不但应当有布设在海面上的压强计,更应当有安置在海底的压强计)的记录相配合,就有可能做出该地震是否激发了海啸、海啸的规模有多大的判断。

📖 知识链接

海啸自救方略

1.地震是海啸最明显的前兆,如果你感觉到较强的震动,不要靠近海边、江河的入海口。2.海上船只听到海啸预警后应该避免返回港湾,海啸在海港中造成的落差和湍流非常危险。如果有足够时间,船主应该在海啸到来前把船开到开阔海面。如果没有时间开出海港,所有人都要撤离停泊在海港里的船只。3.海啸登陆时海水往往明显升高或降低,如果你看到海面后退速度异常快,立刻撤离到内陆地势较高的地方。4.每个人都应该有一个急救包,里面应该有足够72小时用的药物,饮用水和其他必需品。

发疯的魔鬼飓风

科普档案　●名称：飓风　●特点：伴随强风暴雨，破坏性大　●产生地点：大西洋、加勒比海以及北太平洋东部

一场风骤然而来，席天卷地，顷刻间天昏地暗，草木摧折。狂风大作，雷雨交加，电线被吹断，街道变成汪洋，这便是飓风来临时的景象。

飓风指大西洋和北太平洋东部地区强大而深厚的热带气旋，其意义和台风类似，只是产生地点不同。在北半球，国际日界变更线以东到格林尼治子午线的海洋洋面上生成的气旋称之为"飓风"，而在国际日界变更线以西的海洋上生成的热带气旋称之为"台风"。

飓风也泛指狂风和任何热带气旋以及风力达12级以上的任何大风，它是在大气中绕着自己的中心急速旋转的、同时又向前移动的空气涡旋。飓风中心有一个风眼，风眼愈小，破坏力愈大。

□魔鬼飓风

飓风的危害与魔鬼的确有得一比。它所经之处，房屋被摧毁，道路被淹没，树木被连根拔起，船只被抛至岸边，飓风可能造成电力和交通瘫痪。飓风还常常引起大范围的洪涝灾害，甚至导致海啸、山崩、泥石流和滑坡等严

重的自然灾害,破坏力不亚于核爆炸。

1992 年,"安德鲁"飓风给美国造成 265 亿美元的财产损失。

2005 年,"卡特里娜"飓风仅在路易斯安那州造成的死亡人数,就可能超过 1 万人。密西西比州州长巴伯痛心地说:"'卡特里娜'使得建筑物全部消失。我可以想象,这就是广岛 60 年前的样子。"

2008 年,被古斯塔夫飓风袭击的新奥尔良几成一片汪洋。在美国新奥尔良及沿岸城市,有将近 190 万人被撤离,超过 1100 万人受到影响。

2011 年,飓风艾琳带着超强破坏力"入侵"美国,它在户外肆意破坏,美国东海岸的 10 个州进入紧急状态,约 230 万居民撤离。

《国家科学院学报》刊文称,科学家们最新研究发现海洋温度升高是引起飓风频发最主要的原因,而造成海洋温度升高的最主要原因则是人为的,人类已经在大气中排放了过量的二氧化碳,正是这些二氧化碳引起了这一系列的恶性循环事件。由此,一些科学家就开始研究是否变暖的地球会带来更强盛的、更具危害性的热带风暴。

不同飓风都有不同的名字代号,为什么要给飓风取名字呢?这些名字是怎么取的呢?

当有两个或者更多的飓风同时产生时,用名字来代表飓风大大地减少了不必要的混淆。因此给飓风起一个有人情味的、简单容易记忆的名字,就显得非常重要了。多年的实践表明,给飓风起一个简短的、有特色的名字,在实际应用中,要比以前用其经纬度来代表飓风要快且不容易出错。那些分布在不同地方的站点、分机场、沿海基准站以及海上船只之间互通关于飓风的详细信息是非常重要的。

第二次世界大战时期,美国人首先确定了以英文字母(除了 Q、U、X、Y、Z 以外)为字头的四组少女名称给大西洋热带气旋(飓风)命名,每组均按字母顺序排列次序。如第一组:Anna(安娜),B1anche(布兰奇),Camilte(卡米尔)等,直到 Wonda(温达);第二组:Alma(阿尔玛),Becky(贝基),Cella(西利亚)等,直到 Wilna(威尔纳);第三组、第四组也按 A 至 W 起名。当飞机侦察到台风时,即按出现的先后定名,第一个即命名为 Anna,第二个即命名为

□古斯塔夫飓风袭击的新奥尔良几成一片汪洋

Blanche……当第一组名称用完，又从第二组 A 为首的第一个名称接着使用。第二年的第一个台风名字接在上一年最后一个台风名字后面，循环使用下去。一年中任何一个区域出现的台风不可能超过这四组名字的总数目。就以世界上台风发生最多的西北太平洋来说，一年最多也不超过 50个，所以在同一年里，每个区域不可能出现重复的名称。当然，在不同的年份里台风的名字会重复出现。因此，在台风名字的前面，一定要标明年份，以示区别。

直到 19 世纪初叶，一些讲西班牙语的加勒比海岛屿居民根据飓风登陆的圣历时间命名飓风。例如，侵袭波多黎各的三个飓风：1825 年 7 月 26日的圣大安娜，1876 年和 1928 年 9 月 13 日的圣费里佩。据报道，19 世纪末，澳大利亚预报员克里门·兰格用他讨厌的政客的名字为热带气旋命名。

澳大利亚气象学家在 19 世纪末之前，就开始用妇女的名字给热带风暴命名了。一个较早的利用女性的名字来给热带风暴命名的例子是 1941年在 George.R.Stewart 的小说《风暴》中出现的，这部小说最初是被一个没有名气的出版机构出版的，后来被拍成了电影。在第二次世界大战中，这种命名方式在预报员，尤其是在空军以及海军的气象学者中得到广泛的应用。1953年，由于新的国际通用语音字母表的引入，美国放弃了用旧的语音字母表中的字母来给飓风命名的方式。从那一年开始，美国气象局就开始用女性的名字给飓风命名了。比如艾琳、娜娜、奥马尔、帕洛玛、热内、莎丽、泰迪、维基、威尔弗雷德等。

20世纪70年代末，应美国女权运动组织的要求，扩充了命名表，改用男性和女性的名字命名。1978年东北太平洋上的飓风名单中开始既包括有男性的名字，也包括有女性的名字，从那个时候开始，在太平洋上产生的飓风只用女性的名字来命名的时代就宣告结束了。1979年，男、女名字也开始共同用来给大西洋和墨西哥湾上的飓风命名。在口语和书面交流中，特别在警报中，人们逐渐接受了使用命名表的优点。名字简短、通俗、易记，便于向热带气旋威胁区的千百万群众传递信息，以避免同一地区同时面临一个以上热带气旋影响时出现混乱状况。这种做法不久便在西半球被广泛采用，所有热带气旋易发区都已使用命名系统。

📖 知识链接

飓风防御

飓风警报通常在其可能到来前 **24** 小时发布，这时，要开始加固门窗、房顶，储备好饮用水、食品、衣物和照明用具。远离海滨、河岸，这些地方都将被破坏得很严重，并伴随有洪水和大浪；逗留在此，会造成生命危险。最好待在坚固的建筑物里或地下室中。如果没有坚固的建筑物，则躲到飓风庇护所，走前别忘了切断屋中的电源。不要在刮飓风时行走，那是极度危险的。如果迫不得已，应躲开飓风即将经过的路线。

沉默的爆发者海底火山

科普档案 ●**名称:**海底火山 ●**分类:**边缘火山、洋脊火山、洋盆火山 ●**分布:**大洋中脊与大洋边缘的岛弧处

有一种自然现象，水火同时出现，炽烈的大火从汪洋大海中喷发出来。这是怎么回事呢？貌似平静的海底其实潜藏着数量众多的火山。说不准哪一天忽然就喷发了，于是水面上火光燃气，烟雾腾腾。

海底火山是形成于浅海和大洋底部的各种火山，包括死火山和活火山。海底火山喷发时，在水较浅、水压力不大的情况下，常有壮观的爆炸，这种爆炸性的海底火山爆发时，产生大量的气体，主要是来自地球深部的水蒸气、二氧化碳及一些挥发性物质，还有大量火山碎屑物质和炽热的熔岩喷出，在空中冷凝为火山灰、火山弹、火山碎屑。

火山喷发后留下的山体都是圆锥形。据统计，全世界共有海底火山2万多座，太平洋就拥有一半以上。这些火山中有的已经衰老死亡，有的正处在年轻活跃时期，有的则在休眠，不定什么时候苏醒又"东山再起"。现有的

□海底火山

□火山突然爆发

活火山,绝大部分在岛弧、中央海岭的断裂带上,呈带状分布,统称海底火山带。太平洋周围的地震火山释放的能量约占全球的80%。海底火山统称为海山。海山的个头有大有小,一二千米高的小海山最多,超过5千米高的海山就少得多了,露出海面的海山(海岛)更是屈指可数了。

1963年11月15日,在北大西洋冰岛以南32千米处,海面下130米的海底火山突然爆发,喷出的火山灰和水汽柱高达数百米,在喷发高潮时,火山灰烟尘被冲到几千米的高空。经过一天一夜,到11月16日,人们突然发现从海里长出一个小岛。人们目测了小岛的大小,高约40米,长约550米。海面的波浪不能容忍新出现的小岛,拍打冲走了许多堆积在小岛附近的火山灰和多孔的泡沫石,人们担心年轻的小岛会被海浪吞掉。但火山在不停地喷发,熔岩如注般地涌出,小岛不但没有消失,反而在不断地扩大长高,经过1年的时间,到1964年11月底,新生的火山岛已经长到海拔170米高,1700米长了,这就是苏尔特塞岛。

两年之后,1966年8月19日,这座火山再度喷发,水汽柱、熔岩沿火山口冲出,高达数百米,喷发断断续续,直到1967年5月5日才告一段落。在这期间,小岛也趁机发育成长,快时每昼夜竟增加面积0.4公顷,火山每小时喷出熔岩约18万吨。

□长白山火山

　　美国的夏威夷岛也是海底火山的功劳。它面积1万多平方千米,上有居民10万余众,气候湿润,森林茂密,土地肥沃,盛产甘蔗与咖啡,山清水秀,有良港与机场,是旅游的胜地。夏威夷岛上至今还留有5个盾状火山,其中冒纳罗亚火山海拔4170米,它的大喷火口直径达5000米,常有红色熔岩流出。1950年曾经大规模地喷发过,是世界上著名的活火山。

　　地球上的火山活动主要集中在板块边界处,大多分布于大洋中脊与大洋边缘的岛弧处,板块内部也有一些火山活动。海底火山可分为3类,一种是边缘火山,沿大洋边缘的板块俯冲边界,分布着弧状的火山链。它是岛弧的主要组成单元,与深海沟、地震带及重力异常带相伴生;另一种是洋脊火山,大洋中脊是玄武质新洋壳生长的地方,海底火山与火山岛顺中脊走向成串出现。据估计,全球约80%的火山岩产自大洋中脊,中央裂谷内遍布在海水中迅速冷凝而成的枕状熔岩;还有一种是洋盆火山,散布于深洋底的各种海山,包括平顶海山和孤立的大洋岛等,是属于大洋板块内部的火山。

　　海底火山的分布相当广泛,海底火山喷发的熔岩表层在海底就被海水急速冷却,有如挤牙膏状,但内部仍是高热状态。绝大部分海底火山位于构造板块运动的附近区域,被称为中洋脊。尽管多数海底火山位于深海,但是也有一些位于浅水区域,在喷发时会向空中喷出物质。

全世界的活火山有500多座,其中在海底的近70座,即海底活火山约占全世界活火山数量的1/8。海底活火山主要分布在大洋中脊和太平洋周边区域。我国陆地上的火山已经有较多记载,如雷琼(雷州半岛和海南岛)火山群、长白山火山、藏北火山及大同火山群等。在我国海底,同样有火山存在。台湾自8600万年前就开始有火山活动。断断续续的火山活动,在台湾岛的北端、东边和南部留下不同时期喷发的火山。台湾东南海上的绿岛、蓝屿、小蓝屿,台湾北部外海的彭佳屿、棉花屿、花瓶屿、基隆岛和龟山岛等,都是300万年以来因海底火山喷发形成的。高尖石位于西沙群岛东部东岛的西南方14千米的东岛大环礁西缘。这个面积不足300平方米、呈4级阶梯状的小岛,实为海底火山的露头。在岩石鉴定中发现,在火山碎屑岩中夹有珊瑚和贝壳碎屑。可以想象在200万年前,地动海啸,热气浓烟冲出海面,在上空翻腾,震撼着西沙海区。据岩层倾向分析,当时的喷发中心在高尖石的东北方。

📗 知识链接

海底火山

全球十座最为壮观的海底火山:
1.夏威夷摩罗基尼坑火山 2.美国加州莫洛岩石 3.苏特西岛海底火山 4.冰岛埃尔德菲尔火山 5.日本硫黄岛附近海底火山 6.新西兰兄弟火山 7.海利火山 8.日本NW-罗塔火山 9.加勒比海基克姆詹尼海底火山 10.南极洲布兰斯菲尔德海峡海底火山。

危险袭击者疯狗浪

科普档案 ●**名称:**疯狗浪 ●**特点:**来势突然,危险性大 ●**成因猜测:**海底山崩引起、潮汐作用的结果

疯狗似乎骂人意味居多,形容不正常、没有规律可循的怪异人。听说过用疯狗形容一种海浪吗?疯狗浪是一种突如其来的大浪,通常没有明显征兆。人们很容易陷入危险之中。

人们可能对"疯狗浪"这个词感到陌生。疯狗浪究竟是什么?

疯狗浪是渔民对一种巨浪的称呼。据台湾海洋大学许明光、曾俊超等调查发现,疯狗浪一词从1986年起才出现在报纸杂志上。台湾媒介多有报道关于在台湾东北部海岸戏水、垂钓或游览等活动时,有人被突如其来的大浪卷入海中的悲剧发生。即便水性强的渔民在捕捞作业时,遇上疯狗浪也无法幸免于难。由于此种大浪突如其来,非常危险,因此当地民众称之为"疯狗浪"。

疯狗浪是一种长波浪,它是由各种不同方向的小波浪汇集而成的,遇到礁石或是岸壁就突然强力撞袭而卷起猛浪,它也可能是由许多碎浪组合而成的一条较长波浪,遇到V形海岸而产生极大的冲击力。该海浪的生成起因于风的送刮,持续的东北季风吹刮和与同类风速相同的波浪共振,往往生成巨大的涌浪,这层巨大的厚水块到达岸边后,将作用力倾泻于海滨某一海角,崩注的浪块就是疯狗浪。

疯狗浪是一种俗称,以疯狗来形容此种波浪凶险害人。凶猛强烈的海浪不断地侵袭海岸,岸边有人垂钓或游泳,则很容易被海浪卷入,这是"第一类型疯狗浪"——如同真正的疯狗,见到人就攻击,避免灾害的方式就是远离它。天气良好,海上平静无风,突然在岸边出现一道大浪,冲击海岸,此时如岸上有人,则很容易被卷入海中,这是"第二类型疯狗浪"——如同正

常的狗,突然张口咬人,很难预防。

　　台湾东北部受地形影响是最常出现疯狗浪的地区。报界对疯狗浪的成因有以下说法:一是发生前海面相当平静,出现的征兆是海面突然降得很低,然后可以看到稍前方的海面上有排浪推进,如果及时发现,还有足够的时间躲开。疯狗浪发生时,有时达数层楼高,常将游客、钓客甚至车辆卷入海中,实在令人防不胜防。

　　近几年,每年都有垂钓者在这里被俗名为疯狗浪的浪卷走的事发生。如台湾联合报以《八斗子巨浪卷走十余钓客,九人获救,两人受伤,数人失踪漏夜搜救》为题,报道了发生于1984年10月14日的一次疯狗浪。据报道,当时,天气很好,微风拂熙,海面微波荡漾,有十几名钓鱼的人晚上在基隆市八斗子渔港防波堤末端钓鱼,8时许,一名钓友被大浪卷走,但其余的人仍在该处垂钓。10时30分,突然有一大浪打上来,有四五个钓友被打下防波堤,其余六七人欲奔向安全地点时,又被卷来的大浪全部打入海中。经过在场数百名钓友和警方的抢救,有9人获救,但仍有几人被大浪卷走。就在这一夜,在基隆港的另一端也发生了10名钓客落海事件。事实上,疯狗浪并非只危及岸边的垂钓者,海上作业的渔船有时也无法幸免。1991年8月7日凌晨苏澳地区就有5艘作业渔船遭十多米高的疯狗浪侵袭而翻覆,造成1人死亡、2人失踪。疯狗浪对航运、港湾设施、海洋及海岸工程等都有

□疯狗浪是渔民对一种巨浪的称呼

潜在威胁。巴拿马籍安士玛号货轮,在宜兰外海遇上疯狗浪,在甲板上工作的 5 名船员被卷落海中,其中 2 名船员不治身亡,另 3 人重伤。这艘近 6000 吨的货轮是在驶往韩国的途中遭遇到疯狗浪的。

疯狗浪吞噬人命的事在香港和大陆沿海也有发生。据香港成报 1994 年 12 月 28 日报道,港岛石港后滩一批中学生在临海边岩石上观赏浪花,突然翻起一个大浪,将其中一名学生卷入大海失踪。

在我国大陆沿海的一些地区也多次发生过疯狗浪卷走人的事件,不过见于报端的不多。例如,1992 年 9 月 1 日下午,一名内地教师携女儿到青岛市鲁迅公园海滨游玩,在岸边的一块礁石旁给女儿留影,在按下快门的瞬间,大浪突然袭来,将心爱的女儿卷入海中,不幸遇难。

从台湾媒体对此类事件的报道看,一次疯狗浪的死伤人数少则一两人,多则十几人。其中严重的一次,浪有三层楼高,如此高的浪,把停在岸边的小轿车也卷入海中。据此,基隆市不得不决定在一些岸段禁止垂钓、游览。

虽然疯狗浪的成因有待深入研究,但人们知道了疯狗浪的存在和特点,在海边作业游玩时,要尽量谨慎,避免被突如其来的疯狗浪吞噬,造成悲剧。

知识链接

疯狗浪成因

疯狗浪成因的研究有待深入。台湾有关专家比较一致的看法,疯狗浪是长涌浪造成的,而台风与季风都有可能产生长涌浪。经查证有部分疯狗浪事件确与台风有关,这已被台湾和大陆沿海的观测事实所证实。根据台湾多位学者的看法,疯狗浪很可能是由东北季风、台风、地形、波浪、潮流等原因造成的。然而,何种原因起重要作用,又在哪一种地形或哪一种风向、流速情况下最可能发生,需进一步研究。

不美的纷飞海雪

科普档案 ●名称:海雪 ●构成:微小的死亡有机物,活有机体 ●特点:密度大,含有细菌病毒,危害鱼类性命

冬季来临时,飘飞的雪花不仅给世界带来别样的美丽风景和浪漫情怀,也为净化空气、土地水分储备做了贡献。海底也有飘飞的"雪",只是这种"雪"既不美丽,也无法带给人愉悦的心境,而且多由浮游生物和排泄物组成。

最早发现"海雪"的是美国的一位生物学家,他发现"海雪"是由浮游生物组成的絮状物,便称之为"浮游生物雪"。深海潜水器的发明使人们能够潜入深海进行观察,"海雪"也因此被人们发现。

"海雪"主要由微小的死亡有机物和活的有机体结合而成,其中包括一些裸眼可见的甲壳动物,例如小虾和桡脚类动物。

事实上,形成"海雪"的东西不只是浮游生物,海水中各种各样的悬浮颗粒,诸如生物体死亡分解的碎屑、生物排泄的粪便团粒、大陆水流携带来的颗粒等都是制造"海雪"的原料。这些颗粒相互碰撞结合,变成较大的颗粒,便像滚雪球一样越滚越大,形成大型絮状悬浮物,这就是所谓的"海雪",所以学者也称"海雪"为"大型悬浮物"。如果把它们从海水中取出来,所看到的不过是些絮状的、松散的东西,既没有雪花的洁白晶莹,也没有雪花的美丽多姿,很难想象这种东西竟能在海水中创造出"海雪"奇景。

这种奇异的深海现象是由生活在表层海水中的原生生物和细菌引起的。在光合细胞的代谢过程中,代谢生成的营养物质——黏多糖常常会泄漏到外界。这种化合物拥有与蜘蛛丝类似的形态,呈线形且黏度高。漂浮在水中的丝状黏多糖会黏连上许许多多的小微粒,如悬浮的球状排泄物、死亡的动植物身体组织等。

随着粘连的物质越来越多,黏多糖的重量便超过海水提供的浮力而开

□ "海雪"是由浮游生物组成的絮状物

始向海底下沉。从海底的角度观察，其景象就好像大片的雪花从天空中飘落。

当表层的海水的生产率很高时，大量的黏多糖沉降可以在海底形成暴风雪般的景象。当海雪落到海底，这些由有机物组成的"雪花"为居住在海底的生命提供了丰富的食物。

美国国家地理网站报道，一项最新的地中海研究称，随着近几十年海洋温度不断上升，海洋内越来越频繁地形成大团大团的像黏液状的物质，而且出现这种物质的区域更广，持续时间更长。黏液物体始于"海雪"。随着时间的推移，海雪不断聚拢其他微小物质，慢慢增大形成黏液物质。

1729年，人们首次在地中海确认这种泡沫状物质，而且在这一地区很常见。海洋的相对平静和海水较浅，导致近海水体相对来说更加平静，这种情况为黏液形成提供了理想环境。为了这项最新研究，达诺瓦罗和同事们对1950年到2008年的黏液物质报告进行了调查。他们发现，当海洋表面温度比平均温度更高时，这种物质会大规模爆发。

最近的研究发现，从北海到澳大利亚，这种物质可能遍及所有海洋，这种情况可能是由气温升高造成的。

这种黏液物质在夏季自然形成，经常出现在地中海沿岸。这个季节的温暖天气使海水更加平静，这种情况导致有机物更易结合在一起，形成泡状物。现在由于气温更高，黏液物质甚至在冬季也会形成，而且会持续好几个月。

据这项研究的领导者意大利马尔凯理工大学海洋学系主任罗伯托·达诺瓦罗表示，迄今为止，这种浅棕色"黏液"一般被视为一种令人讨厌的东西,它形成的黏性胶状膜可堵塞渔网,黏在游泳者的身上,发出一股怪味。

达诺瓦罗表示,这项最新研究在地中海黏液物质里发现了大量细菌和病毒,其中包括具有潜在致命危险的大肠杆菌。9月16日发表在《公共科学图书馆·综合卷》上的报告指出,这些病原体对游泳的人和鱼类及其他海洋生物具有致命威胁。

该科研组发现,这些黏液团里容易滋生病毒和细菌(其中包括致命的大肠杆菌)。沿海社区经常对大肠杆菌进行检测,这些物质出现在海岸附近,在这里游泳非常危险。研究领导者达诺瓦罗表示:"我们认为,黏液团释放病原体会对公众健康构成致命威胁。"在这种黏液团里游泳的人,可能会染上皮炎等皮肤病。该研究报告指出,那些别无选择,只能游过黏液团的鱼类和其他海洋动物最易遭受这种物质携带的病菌侵袭,甚至大型鱼类也可能被夺去性命。达诺瓦罗表示,这种有毒黏液团还能困住海洋生物,封住它们的鳃,使它们窒息而亡。最大的黏液团能沉入海底,它就如同一条巨大的地毯,使海底生物窒息。

达诺瓦罗表示,黏液团不只是地中海地区的一大安全隐患。最近的研究发现,从北海到澳大利亚,这种物质可能遍及所有海洋,这种情况可能是由气温升高造成的。这是一个很好的例子,如果我们不对气候变暖采取一些措施,地球将发生重大变化。如果我们继续否认科学证据,我们将面临严重后果。

📖 知识链接

海 雪

海雪密度非常大,人根本无法在其内部游泳。1991年,意大利海洋生物学家塞丽娜·方达·尤玛尼在亚得里亚海里的一个黏液团附近游泳。她潜到大约15米深时,突然感觉像有一个幽灵在自己的上面,这是一种非常陌生的体验。她试图潜入海雪里,那种感觉就像在糖浆里游泳。走出海水后,干燥的"糖分"使她的头发变硬,衣服紧紧贴在身体上,衣服上的黏液根本无法彻底洗干净。

奇妙的管道海底烟囱

科普档案 ●名称:烟囱　●分类与构成:黑烟囱:暗色硫化物矿物;白烟囱:硫酸盐矿物和二氧化硅

印象中烟囱总是长在屋顶上的,海底烟囱你听说过吗?汪洋一片的海底怎么会有烟囱?波涛翻涌的海洋又何来烟雾?更奇怪的是,海底烟囱不只喷发黑烟,还有白烟。

在大洋中脊或弧后盆地扩张中心的热液作用过程中,由于热液与周围的冷海水相互作用,使热液喷出口附近形成几米至几十米高的羽状固体——液体物质柱子,形似烟囱故名。因成分和温度差异,形成黑、白两种不同的烟囱:一般海水温度达300℃~400°时,形成黑烟囱,是暗色硫化物矿物堆积所致,主要矿物有磁黄铁矿、闪锌矿和黄铜矿;而温度为100℃~300℃时,则形成白烟囱,主要由硫酸盐矿物(硬石膏、重晶石)和二氧化硅组成,在烟囱附近散落有暗色硫化物和硫酸盐矿物并形成基地小丘、分散小丘等。

现代海底"黑烟囱"的研究始于1977年。当时,美国的阿尔文(Alvin)号载人潜艇在东太平洋洋中脊的轴部采得由黄铁矿、闪锌矿和黄铜矿组成的硫化物。1979年又在同一地点约2610~1650米的海底熔岩上,发现了数十个冒着黑色和白色烟雾的烟囱,约350℃的含矿热液从直径约15厘米的烟囱中喷出,与周围海水混合后,很快产生沉淀变为"黑烟",沉淀物主要由磁黄铁矿、黄铁矿、闪锌矿和铜-铁硫化物组成。这些海底硫化物堆积形成直立的柱状圆丘,称为"黑烟囱"。海底"黑烟囱"的发现及其研究是全球海洋地质取得的最重要的科学成就。

海底"黑烟囱"是地壳活动在海底反映出来的现象,它分布在地壳张裂或薄弱的地方,如大洋中脊的裂谷、海底断裂带和海底火山附近。大西洋、印度洋和太平洋都存在大洋中脊，它高出洋底约 3000 米，是地壳下岩浆不断喷涌出来形成的。洋脊中都有大裂谷，岩浆从这里喷出来，并形成新洋壳。两块大洋地壳从这里张裂并向相反方向缓慢移动。在洋中脊里的大裂谷往往有很多热泉，热泉的水温在 300℃ 左右。大西洋的大洋中脊裂谷底，其热泉水温度最高可达 400℃。在海底断裂带也有热泉，有火山活动的海洋底部，也往往有热泉分布。

□海底烟囱

海底"黑烟囱"的形成主要与海水及相关金属元素在大洋地壳内热循环有关。由于新生的大洋地壳温度较高，海水沿裂隙向下渗透可达几千米，在地壳深部加热升温，溶解了周围岩石中多种金属元素后，又沿着裂隙对流上升并喷发在海底。由于矿液与海水成分及温度的差异，形成浓密的黑烟，冷却后在海底及其浅部通道内堆积了硫化物的颗粒，形成金、铜、锌、铅、汞、锰、银等多种具有重要经济价值的金属矿产。世界各大洋的地质调查都发现了黑烟囱的存在，并主要集中于新生的大洋地壳上。

在 1979 年以前，许多科学家都认为深海海底是永恒的黑暗、寒冷及宁静，不可能有所谓的生命。但是 1979 年，科学家首次在 2700 千米的海底发现热泉，并观察到和已知生命极为不同的奇特生命形式，进而改变了对地球生命进化的认知。2000 年 12 月 4 日，科学家又在大西洋中部发现另一种热泉，结构完全不同，他们把它命名为失落的城市，再度引发了科学家对海底热泉的研究热潮。海底热泉是指海底喷泉，原理和火山喷泉类似，喷出来的热水就像烟囱一样，发现的热泉有白烟囱、黑烟囱、黄烟囱。在宜兰龟山岛发现不断往上喷出的海底热泉，是一种黄烟囱，这是因为海底冒出大量硫黄，也是近年来发现的最大的近海海底热泉，水深从二三千米到三十几千米，约有八九处之多。在深海热泉泉口附近均发现各式各样前所未见的奇异生物，包括大得出奇的红蛤、海蟹、血红色的管虫、牡蛎、贻贝、螃蟹、小虾，还有一些形状类似蒲公英的水螅生物。

海底烟囱，可反映热液作用不同阶段的物质来源和温度条件，在其附近水温达300℃以上，压力亦甚大，但周围生长有许多奇特的蠕虫、贝类生物群体，似白烟雪球。它们有时会消失得无影无踪，可能与热液喷口周围温度及物质变化有关。这种生物现象，被认为是当代生物学的"奇迹"，已有不少学者以此作为探索生命起源和演化的重要场所。黑烟囱喷出的热液里富含硫化氢，这样的环境会吸引大量的细菌聚集，并能够使硫化氢与氧作用，产生能量及有机物质，形成化学自营现象。这类细菌会吸引一些滤食生物，或者是形成能与细菌共生的无脊椎动物共生体，以氧化硫化氢为营生来源，一个以化学自营细菌为初级生产者的生态系便形成了。

现代海底黑烟囱及其硫化物矿产的发现，是全球海洋地质调查近10年中取得的最重要的科学成就之一，因其和海底成矿、生命起源等重大问题有关而成为国际科学前沿。

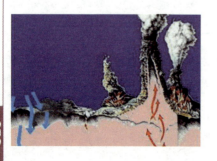

📖 **知识链接**

海底烟囱

加利福尼亚州蒙特雷水族生物研究所海洋地质学家德布拉·斯特克斯确认，海底黑烟囱的构筑绝非仅仅是地质构造活动的结果，其中神奇莫测的热泉生物建筑师的艰辛劳作也功不可没，在烟囱中起着至关重要的作用。

特殊的光芒海火

科普档案 ●名称:海火 ●分类:火花型(闪耀型)、弥漫型、闪光型(巨大生物型) ●分类:中国沿海

海水发光现象被人们称为"海火"。海火常常出现在地震或海啸前后,这一规律可以预防或规避一些灾难带来的严重后果。奇怪的海火不仅有观赏性,也有一定的实用价值,特殊的光亮可能被运用到很多方面。

1933年3月3日凌晨,日本三陆海啸发生时,人们看到了更奇异的海火。波浪涌进时,浪头底下出现三四个像草帽般的圆形发光物,横排着前进,色泽青紫,像探照灯那样照向四面八方,光亮可以使人看到随波逐流的破船碎块。一会儿,互相撞击的浪花,又把这圆形的发光物搅碎,随之就不见了。

1975年9月12日傍晚,江苏省近海朗家沙一带,海面上发出微微的光亮,像燃烧的火焰那样翻腾不息,随着波浪的起伏跳跃,一直到天亮才逐渐消失。第二天傍晚,亮光再现,亮度更强。以后逐日加强,到第七天,海面上涌现出很多泡沫,当渔船驶过时,激起的水流明亮异常,如同灯光照耀,水中还有珍珠般闪闪发光的颗粒。几小时以后,这里发生了一次地震。1976年7月28日唐山大地震的前一天晚上,秦皇岛、北戴河一带的海面上也有这种发光现象。尤其在秦皇岛油码头,人们看到当时海中有一条火龙似的明亮光带。

海发光现象不仅有一定的观赏价值,而且更重要的是具有相当的实用价值。因为几乎所有发光生物的发光,全在人类视觉范围以内。

据有人记载:一个瓜水母发出的光,可供人阅读,并能识别人的面孔;6个平均体长27毫米的挪威磷虾,把它装在能盛两升水的玻璃杯中,其发出的光完全可以读报。因此,海发光现象,不仅是海洋生物学领域中的研究课

□特殊的光芒海火

题之一,而且在国防、航运交通及渔业上有着一定的实用价值。

例如:在作战时期,舰艇在发光海区作夜间航行时,就有可能暴露目标;在渔业上,可利用海火来寻找鱼群;在舰运交通上,海火可以帮助航海人员识别航行标志和障碍物,避免触礁等危险。此外,由于海洋生物的发光是冷光(不放热),可利用连续发光的细菌做成人工的细菌灯。细菌灯安全可靠,被广泛用在火药库、油库、弹药库等严禁烟火的场所。在第二次世界大战中,日军曾用细菌灯作为夜间的联络信号。可见,海发光的用途是十分广泛的。

海火是怎么产生的呢?关于这个问题目前有三种说法。

说法一:是水里会发光的生物受到扰动而发光所致。如拉丁美洲大巴哈马岛的"火湖",由于繁殖着大量会发光的甲藻,每当夜晚,便会看到随着船桨的摆动,激起万点"火光"。现在已知会发光的生物种类还有许多细菌和放射性虫、水螅、水母、鞭毛虫,以及一些甲壳类、多毛类等小动物。因此,人们推测,当海水受到地震或海啸的剧烈震荡时,便会刺激这些生物,使其发出异常的光亮。

然而,另一些研究者对此持有异议。他们提出,在狂风大浪的夜晚,海水也同样受到激烈的扰动,为什么却没有刺激这些发光生物,使之产生海火?他们认为海火是一种与地面上的"地光"相类似的发光现象。

说法二:是海洋中发光浮游生物大面积密集而引起海水发光的现象。最常见的发光浮游生物有甲藻纲的夜光藻、辐足纲的胶体虫、水螅纲的多管水母、钵水母纲的游水母、有触手纲的侧腕水母、无触手纲的瓜水母、有针亚纲的针纽虫、头足纲的耳乌贼、多毛纲的毛翼虫、甲壳纲的海萤等等。发光机制包括细胞内发光和细胞外发光两类:前者较普遍,以夜光藻为代表;后者为从生物体排放出来的某些腺体中含有能发光的物质,两者都是通过化学反应将化学能转变为光能。因放出的能量很微小,称为冷光。它们引起的海水发光现象,可影响海军的作战。

说法三:电流机制说。美国一些学者对圆柱形的花岗岩、玄武岩、煤、大理岩等多种岩石式样进行压缩破裂实验时发现:当压力足够大时,这些式样会产生爆炸性碎裂,并在几毫秒内释放出一股电子流,电子流激发周围气体分子发出微光。如果把样品放在水中,则碎裂时产生的电子流能使水发光。当强烈地震发生时,广泛出现的岩石爆裂,足以发出使人感到炫目耀眼的亮光。所以,他们认为,地震海火的产生与这种机制有关。

📖知识链接

海 火

海火实可分为三种:火花型(闪耀型)、弥漫型和闪光型(巨大生物型),每一类型按其光亮的强度划分为五级。从微弱光亮到显目可见和特别明亮。火花型发光是由小型或微型的发光浮游生物受到刺激后引起的发光,是最常见的一种海发光现象。弥漫型发光,主要由发光细菌发出,它的特点是海面呈一片弥漫的乳白色光泽。闪光型发光,是由大型动物,如水母、火体虫等受到刺激后发出的一种发光现象。

上天的坏孩子厄尔尼诺

科普档案 ●**名称:**厄尔尼诺 ●**过程:**发生期、发展期、维持期、衰减期 ●**影响:**导致破坏性干旱、暴风雨、洪水

天气预报的气象预报员经常在播报天气状况的时候提到厄尔尼诺。过去，地处南美洲的秘鲁渔民，称呼每年圣诞节前后南美沿岸海水温度上升的现象为"圣婴"，即"厄尔尼诺"。厄尔尼诺是怎么形成的？会有什么影响？

厄瓜多尔、秘鲁等国家的渔民们发现，每隔几年，从10月至第二年的3月便会出现一股沿海岸南移的暖流，使表层海水温度明显升高。南美洲的太平洋东岸本来盛行的是秘鲁寒流，随着寒流移动的鱼群使秘鲁渔场成为世界四大渔场之一，但这股暖流一出现，性喜冷水的鱼类就会大量死亡，使渔民们遭受灭顶之灾。由于这种现象最严重时往往在圣诞节前后，于是遭受天灾而又无可奈何的渔民将其称为上帝之子——圣婴。后来，气象学家与海洋学家把厄瓜多尔至秘鲁赤道东太平洋沿岸一带海水温度异常偏高的现象称为"厄尔尼诺"事件。

厄尔尼诺又称厄尔尼诺海流，是太平洋赤道带大范围内海洋和大气相互作用后失去平衡而产生的一种气候现象，就是沃克环流圈东移造成的。正常情况下，热带太平洋区域的季风洋流是从美洲走向亚洲，使太平洋表面保持温暖，给印尼周围带来热带降雨。但这种模式每2~7年被打乱一次，使风向和洋流发生逆转，太平洋表层的热流就转而向东走向美洲，随之便带走了热带降雨，出现所谓的"厄尔尼诺现象"。

厄尔尼诺现象的基本特征是太平洋沿岸的海面水温异常升高，海水水位上涨，并形成一股暖流向南流动。它使原属冷水域的太平洋东部水域变成暖水域，引起海啸和暴风骤雨，造成一些地区干旱，另一些地区又降雨过多的异常气候现象。

厄尔尼诺对渔业和气候有一定的影响。

南美沿岸原本是冷水上翻区，亦称之为冷水涌升区。水中有丰富的浮游生物，是鲱鱼的最好食物，但若冷水上翻减弱，由于浮游生物大量减少，鲱鱼就会因缺少食物而大量死亡。这会严重影响当地的渔业生产和经济收入。

从气象方面来说，厄尔尼诺或拉尼娜现象不仅会使热带环流和天气气候发生异常，甚至会引起全球范围内的大气环流异常，出现较大范围的干旱、洪水、低温冷害等灾害性天气。

20世纪60年代以后，随着观测手段的进步和科学的发展，人们发现厄尔尼诺现象不仅出现在南美等国沿海，而且遍及东太平洋沿赤道两侧的全部海域以及环太平洋国家。有些年份，印度洋沿岸甚至也会受到厄尔尼诺带来的异常气候影响，发生一系列自然灾害。总的来看，它使南半球气候更加干热，使北半球气候更加寒冷潮湿。

在气候预测领域，厄尔尼诺是迄今为止公认的最强的年际气候异常信号之一。它常常会使北美地区当年出现暖冬，南美沿海持续多雨，还可能使得澳大利亚等热带地区出现旱情。

据统计，每次较强的厄尔尼诺现象都会导致全球性的气候异常，由此带来巨大的经济损失。

□厄尔尼诺又称厄尔尼诺海流

□ 厄尔尼诺现象

　　1997 年 12 月就出现了 20 世纪末最严重的一次厄尔尼诺现象。海水温度的上升常伴随着赤道辐合带在南美西岸的异常南移，使本来在寒流影响下气候较为干旱的秘鲁中北部和厄瓜多尔西岸出现频繁的暴雨，造成水涝和泥石流灾害。厄尔尼诺现象的出现常使低纬度海水温度年际变幅达到峰值。因此，厄尔尼诺不仅对低纬大气环流，甚至对全球气候的短期振动都具有重大影响。

　　中国 1998 年夏季长江流域的特大暴雨洪涝就与 1997~1998 年厄尔尼诺现象密切相关，气象部门正是主要依据这一因子很好地提供了预测服务。

　　厄尔尼诺现象发生的当年，中国的夏季风会较弱，季风雨带偏南，北方地区夏季往往容易出现干旱、高温天；厄尔尼诺可能会使冬季出现暖冬的概率增大；夏季东北地区出现低温的概率增大；西北太平洋的台风产生个数及在中国沿海登陆个数均较正常年份偏少。由此可见，中国的气候也在厄尔尼诺现象的影响范围之内。

　　究竟是什么造成了厄尔尼诺现象呢？科学家对此一直众说纷纭，难有定论。

　　一般认为,厄尔尼诺现象是太平洋赤道带大范围内海洋与大气相互作用失去平衡而产生的。在东南信风的作用下,南半球太平洋大范围内海水被风吹起,向西北方向流动,致使澳大利亚附近洋面比南美洲西部洋面水位高出大约50厘米。当这种作用达到一定程度后,海水就会向相反方向流动,即由西北向东南方向流动。反方向流动的这一洋流是一股暖流,即厄尔尼诺暖流,其尽头为南美西海岸。受其影响,南美西海岸的冷水区变成了暖水区,该区域降水量也大大增加。厄尔尼诺现象的基本特征是:赤道太平洋中、东部海域大范围内海水温度异常升高,海水水位上涨。

　　后来,一些科学家对厄尔尼诺现象的成因提出了不同的看法。大多科学家认为不外乎两大方面:一是自然因素。赤道信风、地球自转、地热运动等都可能与其有关。二是人为因素。即人类活动加剧气候变暖,也是赤道暖事件剧增的可能原因之一。

知识链接

厄尔尼诺现象

　　近年来,科学家对厄尔尼诺现象又提出了一些新的解释,即厄尔尼诺可能与海底地震、海水含盐量的变化以及大气环流变化等有关。厄尔尼诺现象是周期性出现的。大约每隔2~7年出现一次。由于科技的发展和世界各国的重视,科学家通过采取一系列预报模型、海洋观测和卫星侦察、海洋大气偶合等科研活动深化了对这种气候异常现象的认识。

100摄氏度的热情沸湖

科普档案 ●名称:沸湖 ●位置:加勒比海小安的列斯群岛的多米尼加岛上

本该波光粼粼的湖面却热气腾腾,温度达到100摄氏度。一个鸡蛋掉进去变成熟的水煮蛋,若一只羊掉进湖里,就是名副其实的水煮羊了。这个神奇的沸湖位于美洲加勒比海的多米尼加岛上,它吸引着大批的人前来观看。

沸湖在加勒比海多米尼加岛的偏远地区,处于岛南部火山区的山谷中。它是一个长90米、宽60米的小湖,虽然湖长不过90米,但是又陡又深,离岸不远处,湖水已深达90米。在湖水满时,从湖底喷上来的水汽高达2米。整个湖面热气腾腾,就像一锅煮开的水。沸湖的名称就是这样得来的。

此湖水温度很高,一些来此观光旅游者,只要将生的食物投入湖中,不

□沸湖

一会就煮熟了。近岸的湖水均温达 91 摄氏度。这只是岸边水温，而湖中心的水温，由于常年沸腾，根本无法测量。没有人想驾着小皮船，拿着温度计，把自己往这口沸腾的大锅里送。

□西伯利亚原始森林里的卡赫纳依达赫湖

沸湖的这些热水是从哪里来的？原来，沸湖坐落在一个古火山口上，地球深处带有大量矿物质和含硫气体的炽热熔岩水，在上升时遇到古火山口通道，猛烈地向地表喷出，结果就形成了这个大自然的奇观。由于沸湖沸腾时会散发出硫黄和别的有害气体，所以沸湖近处植被都已被毁，景色荒芜。

沸湖是由一眼间歇泉形成的。在湖底有一个圆形喷孔，喷泉停歇时期，湖水因缺乏水量补给而干枯。然而一旦喷发，则地动山摇、群山轰鸣。热流从湖底涌出，湖面烟雾缭绕，热气腾腾，有时还会形成高达二三米的水柱，冲天而起，蔚为壮观。有时湖水干了，可以看到深邃的湖底露出一个圆洞，这就是喷孔。

有趣的是，西伯利亚原始森林里的卡赫纳依达赫湖，附近没有火山，湖水也会燃烧和沸腾。这里湖岸陡峭，高达 20 米，尽是些烧焦了的煤渣黏土。有一次，一个渔翁正在撒网捕鱼，突然发现湖水沸腾起来，接着冒出泡沫，一股蓝色火焰伴着浓烟，冲向天空，许许多多煤块从湖里抛到岸上。他慌忙奔进森林躲避，过了一会，再次来到河边，湖面上浮满了煮熟的鱼。是谁将湖水煮沸的呢？原来，2000 多年前，这里的地下煤层发生过燃烧，部分塌落成洼地，积水成湖。湖底的裂缝中聚集大量可燃气体，东窜西跑的地下火重回到原来的地方,引起燃烧,使湖水冒出热气,甚至使地层爆裂,以致烟火带着煤块一起冲向天空。

沸湖的奇观常常令游人惊叹不已,吸引着世界各地的科学家和游客前去考察和观赏。

📚 知识链接

湖泊的分类

中国古人把陆地中的封闭水域称为湖泊,其中湖指水面长满胡子般水草的封闭水域;泊指水面光光,没有水草,可以行船和泊船的封闭水域。按成因湖泊可分为构造湖、冰川湖、火口湖和堰塞湖等;按排泄条件可分为外流湖和内陆湖。按湖泊热状况可分为热带湖、温带湖和寒带湖。按矿化度可分为淡水湖、咸水湖和盐湖。按湖水中的营养物质可分为富营养湖、中营养湖和贫营养湖等。

先进海上发明

□炫彩瑰丽的海洋万象

第**2**章

海上向导指南针

科普档案 ●名称:指南针 ●用途:在航海、大地测量、旅行及军事等活动中辨别方向 ●原理:受地磁力作用

指南针是我国古代劳动人民的四大发明之一,一经发明就很快被应用到军事、生产、日常生活、地形测量等方面。特别是航海上,指南针的出现使风浪中的船只不再迷失在茫茫大海中。

我国是世界上最早发明指南针的国家,指南针最早出现大约是在战国时期,古人把它叫作司南。司南由青铜盘和天然磁体制成的磁勺组成,青铜盘上刻有二十四向,置磁勺于盘中心圆面上,它可以自由旋转。当它静止的时候,勺柄就指向南方。

在春秋时代人们已经能够将硬度5~7度的软玉和硬玉琢磨成各种形状的器具,因此也能将硬度只有5.5~6.5度的天然磁石制成司南。东汉时王充在他的著作《论衡》中对司南的形状和用法做了明确的记录。

春秋时期的著作《韩非子》中就有:"先王立司南以端朝夕。""端朝夕"就是正四方、定方位的意思。《鬼谷子》中记载了司南的应用,郑国人采玉时就带了司南以确保不迷失方向。

司南也有许多缺陷,天然磁体不易找到,在加工时容易因打击、受热而失磁。所以司南的磁性比较弱,而且它与地盘接触处要非常光滑,否则会因转动摩擦阻力过大,而难于旋转,无法达到预期的指南效果。司南有一定的体积和重量,携带很不方便,这可能是司南长期未得到广泛应用的主要原因。

宋朝出现了指南龟和指南鱼。

指南龟的发明年代不晚于1325年,是当时流行的一种新装置。将一块天然磁石放置在木刻龟的腹内,在木龟腹下方挖一光滑的小孔,对准并放

置在直立于木板上的顶端尖滑的竹钉上，这样木龟就被放置在一个固定的、可以自由旋转的支点上了。由于支点处摩擦力很小，木龟可以自由转动指南。

除了指南龟还有指南鱼可以指引方向。民间常用薄铁叶剪裁成鱼形，鱼的腹部略下凹，像一只小船，磁化后浮在水面，就能指南北，当时以此作为一种游戏。南宋元靓在《事林广记》中介绍了另一类指南鱼的制作方法：用木头刻成手指那么大的鱼形，木鱼腹中置入一块天然磁铁，磁铁的S极指向鱼头，用蜡封好后，从鱼口插入一根针，就成为指南鱼。将其浮于水面，鱼头指南，这也是水针的一类。

北宋曾公亮在《武经总要》也载有制作和使用指南鱼的方法："用薄铁叶剪裁，长二寸，阔五分，首尾锐如鱼型，置炭火中烧之，候通赤，以铁铃铃鱼首出火，以尾正对子位，蘸水盆中，没尾数分则止，以密器收之。用时，置水碗于无风处平放，鱼在水面，令浮，其首常向午也。"这是一种人工磁化的方法，它利用地球磁场使铁片磁化。把烧红的铁片放置在子午线的方向上。烧红的铁片内部分子处于比较活动的状态，使铁分子顺着地球磁场方向排列，达到磁化的目的。蘸入水中，可把这种排列较快地固定下来，而鱼尾略向下倾斜可增大磁化程度。人工磁化方法的发明，对指南针的应用和发展起了巨大的作用，在磁学和地磁学的发展史上也是一件大事。

北宋的沈括在《梦溪笔谈》中提到另一种人工磁化的方法："方家以磁石摩针锋，则能指南。"按沈括的说法，当时的技术人员用磁石去摩擦缝衣针，就能使针带上磁性。从现在的观点来看，这是一种利用天然磁石的磁场作用，使钢针内部磁畴的排列趋于某一方向，从而使钢针显示出磁性的方法。这种方法比地磁法简单，而且磁化效果比地磁法好，摩擦法的发明不但世界最早，而且为有实用价值的磁指向器的出现，创造了条件。

直到19世纪现代电磁铁出现以前，几乎所有的指南针都是采用这一种人工磁化法制成的。这时，指南针在它的发展史上已经跨过了两个发展阶段——司南和指南鱼，发展成一种更加简便、更有实用价值的指向仪器。以后各种名目繁多的磁性指向仪器都以这种磁针为主体，只是磁针的形状和装置法有所改变。

指南针一经发明很快就被应用到军事、生产、日常生活、地形测量等方面，特别是航海上。指南针在航海上的应用有一个逐渐发展过程。成书年代略晚于《梦溪笔谈》的《萍洲可谈》中记有："舟师识地理，夜则观星，昼则观日，阴晦则观指南针。"这是世界航海史上最早使用指南针的记载。文中指出，当时只在日月星辰见不到的时候才使用指南针，可见指南针刚开始使用时，还不熟练。二十几年后，许兢的《宣和奉使高丽图经》也有类似的记载："惟视星斗前迈，若晦暝则用指南浮针，以揆南北。"

到了元代，指南针一跃而成海上指航的最重要仪器。不论昼夜晴阴都用指南针导航了，而且还编制出使用罗盘导航，在不同航行地点指南针针位的连线图，叫作"针路"。船行到某处，采用针位定方向，一路航线都一一标识明白，作为航行的依据。

指南针的发明，对世界各国航海事业的发展起到了很大的作用，也对以后创制定向装置和推进自动化科学技术的发展起了先导作用。

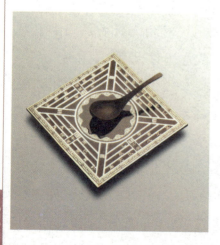

知识链接

磁现象的相关记载

指南针的制造来源于对磁现象的发现和了解。传说秦始皇修建阿房宫时，有一宫门是用磁铁制造的。如果刺客带剑而过，立刻会被吸住。《晋书·马隆传》记载，马隆率兵西进甘、陕一带，在敌人必经的狭窄道路两旁，堆放磁石，穿着铁甲的敌兵路过时，被牢牢吸住，不能动弹。马隆的士兵穿犀甲，磁石对他们没有作用，可自由行动，敌人以为是神兵，不战而退。东汉的《异物志》记载了在南海诸岛周围有一些暗礁浅滩含有磁石，磁石经常把"以铁叶锢之"的船吸住，使其难以脱身。

海上联络信使无线电

科普档案 ●名称:无线电 ●应用:超远程通信,无线电广播、电报,电视、宇航通信等 ●特点:传播速度快

以前,人们通过邮政传送信件,但是遇到突发状况还是没有办法及时反馈沟通,于是更方便快捷的信号传输方式——无线电应运而生,这种看不见却便捷的联系方式开创了人类信息联络新时代。

无线电经历了从电子管到晶体管,再到集成电路,从短波到超短波,再到微波,从模拟方式到数字方式,从固定使用到移动使用等各个发展阶段,无线电技术已成为现代信息社会的重要支柱。

在英国,人们把麦克斯韦奉为无线电的开创人,认为他最先指出电磁波的存在。在美国,有人认为德福雷斯特是无线电之父,因为他发明了三极管,而三极管是无线电通信器材的心脏。在俄国,只承认波波夫是无线电通信的创始人。

英国科学家麦克斯韦最早在他递交给英国皇家学会的论文《电磁场的动力理论》中阐明了电磁波传播的理论基础。1862年他发表了第二篇论文《论物理力线》,不但进一步发展了法拉第的思想,扩充到磁场变化产生电场,而且得到了新的结果:电场变化产生磁场,由此预言了电磁波的存在,并证明了这种波的速度等于光速,揭示了光的电磁本质。这篇文章包括了麦克斯韦研究电磁理论得到的主要结果。他的第三篇论

□英国科学家麦克斯韦

□俄国的波波夫

文《电磁场的动力学理论》，从几个基本实验事实出发，运用场论的观点，以演绎法建立了系统的电磁理论。1873年出版的《电学和磁学论》一书是集电磁学大成的划时代著作，全面地总结了19世纪中叶以前对电磁现象的研究成果，建立了完整的电磁理论体系。

海因里希·鲁道夫赫兹在1886年至1888年间首先通过试验验证了麦克斯韦的理论。他证明了无线电辐射具有波的所有特性，并发现电磁场方程可以用偏微分方程表达，通常称为波动方程。

俄国的波波夫也被认为是无线电的创始人。

1895年5月7日，俄国彼得堡喀琅施塔得海洋工程学院的物理教授波波夫，带着他的无线电接收机来到彼得堡的俄罗斯物理化学学会物理分会会场，在宣读论文后，当场进行演示。他让助手在演讲大厅的一头安放好电磁波发生器，自己在讲台上调好接收机，装好天线，接收机连接了继电器和电铃。一切就绪后，助手接通电磁波发生器，接收机带动电铃响了起来。当助手把电磁波发生器电源切断，电铃声戛然而止。此后波波夫又改进了他的机器，用电报机替换了电铃。这样，就形成了一台完整的无线电收报机。

1896年3月24日，波波夫和助手又进行了一次正式的无线电传递莫尔斯电码的表演。波波夫把接收机安放在物理学会会议大厅内，他的助手把发射机安装在森林学院内，两地距离250米左右。时间一到，助手沉着地把信号发射出去，波波夫这边的接收机清晰地收到信号。此时俄罗斯物理学会分会长把接收到的字母一个个地写在黑板上"海因里希·赫兹"。这是世界上的第一份无线电。根据上述资料，无线电的发明者，可以说是俄国物理学教授波波夫。

与此同时，一位意大利人也在进行着无线电的研究和试验，他就是意大利的电子物理学家古格利尔莫·马可尼。马可尼对无线电的研究始于1894年。那时他在家中楼上的无线电装置能使楼下的电铃响起来。1895年,他已能把无线电信号传送到2.7千米以外的距离。1897年,他在意大利建立的陆上无线电发射台已能把无线电信号发射到相距19.2千米的军舰上。

1898年,英国举行了一次游艇赛,终点设在离岸约32千米的海上。他在赛程的终点用自己发明的无线电报机向岸上的观众及时通报了比赛的结果,这被认为是无线电通信的第一次实际应用,轰动了世界。

位于英格兰切尔姆斯福德的马可尼研究中心在1922年开播世界上第一个定期播出的无线电广播娱乐节目。古列尔莫·马可尼拥有通常被认为是世界上第一个无线电技术的专利。

尼古拉·特斯拉1897年在美国获得了无线电技术的专利。然而,美国专利局于1904年将其专利权撤销。转而授予马可尼发明无线电的专利。这一举动可能是受到马可尼在美国的经济后盾人物,包括托马斯·爱迪生、安德鲁·卡耐基影响的结果。1909年,马可尼和卡尔·费迪南德·布劳恩由于"发明无线电报的贡献"获得诺贝尔物理学奖。

1898年,马可尼在英格兰切尔姆斯福德的霍尔街开办了世界上首家无线电工厂,雇用了大约50人。第二年夏天,马可尼又完成了一次非常成功的实验。到了秋天,实验又获得很大的进步。他把一只煤油桶展开,变成一块大铁板,作为发射的天线。把接收机的天线高挂在一棵大树上,用以增加接收的灵敏度。他还改进了洛奇的金属粉末检波器,在玻璃管中加入少量的银粉,与镍粉混合,再把玻璃管中的空气排掉。这样一来,发射方增

□船上无线电

大了功率,接收方也增加了灵敏度。他把发射机放在一座山岗的一侧,接收机安放在山冈另一侧的家中。当给他当助手的同伴发送信号时,他守候着的接收机接收到了信号,带动电发出了清脆的响声,这次实验的距离达到2.7 千米。

关于无线电的创始人始终有争议,我们可以不把它归功于个人,理解为是众多科学家集体智慧的结晶,他们的功绩都是不可磨灭的。

知识链接

人类首次跨洋无线电通信

马可尼在位于加拿大东南角的纽芬兰讯号山用气球和风筝架设接收天线,终于接收到从英国西南角的宝赛用大功率发射电台发送"S"字符的国际莫尔斯电码,这是有史以来第一次人类跨过大西洋的无线电通信,这个实验向世人证明了无线电再也不是仅限于实验室的新奇东西,而是一种实用的通信媒介。这一消息轰动了全球,激发了广大无线电爱好者浓厚兴趣,推动了业余无线电运动蓬勃发展。

定位专家 GPS

科普档案 ●**名称:**GPS全球定位系统 ●**功能:**导航、测量、授时 ●**特点:**全天候全球性准确定位

GPS的出现使人类发展更进一步，安装该系统后，能准确地定位人和车辆船只的位置。在繁华大都市里行车，GPS可以帮你找到离目的地最近的路线，还能提醒道路状况；在航海方面，遇到险难或危急状况便于及时营救。

利用GPS定位卫星在全球范围内实时进行定位、导航的系统，称为全球卫星定位系统，简称GPS。

GPS始于1958年美国军方的一个项目，1964年投入使用。20世纪70年代，美国陆海空三军联合研制了新一代卫星定位系统GPS，主要目的是为陆海空三大领域提供实时、全天候和全球性的导航服务，并用于情报收集、核爆监测和应急通信等一些军事目的。经过20余年的研究实验，耗资300亿美元，到1994年，全球覆盖率高达98%的24颗GPS卫星布设完成。

GPS系统的前身是美军1958年研制，1964年正式投入使用的一种子午仪卫星定位系统(Transit)。该系统用5~6颗卫星组成的星网工作，每天最多绕过地球13次，并且无法给出高度信息，在定位精度方面也不尽如人意。然而，子午仪系统使得研发部门对卫星定位取得了初步的经验，并验证了由卫星系统进行定位的可行性，为GPS系统

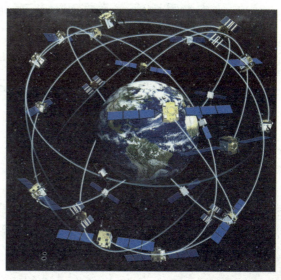

□卫星定位系统GPS

□GPS导航系统

的研制作了铺垫。由于卫星定位显示出在导航方面的巨大优越性及子午仪系统存在对潜艇和舰船导航方面的巨大缺陷，美国海陆空三军及民用部门都感到迫切需要一种新的卫星导航系统。GPS定位系统几经研究后产生了。

GPS导航系统的基本原理是测量出已知位置的卫星到用户接收机之间的距离，然后综合多颗卫星的数据就可知道接收机的具体位置。要达到这一目的，卫星的位置可以根据星载时钟所记录的时间在卫星星历中查出。当用户接收到导航电文时，提取出卫星时间并将其与自己的时钟做对比便可得知卫星与用户的距离，再利用导航电文中的卫星星历数据推算出卫星发射电文时所处位置，用户在WGS-84大地坐标系中的位置速度等信息便可得知。

由于GPS技术所具有的全天候、高精度和自动测量的特点，作为先进的测量手段和新的生产力，已经融入了国民经济建设、国防建设和社会发展的各个应用领域，航海事业上用得最多。

卫星技术用于海上导航可以追溯到20世纪60年代的第一代卫星导航系统TRANSIT，但这种卫星导航系统最初设计主要服务于极区，不能连续导航，其定位的时间间隔随纬度而变化。在南北纬度70度以上，平均定位间隔时间不超过30分钟，但在赤道附近则需要90分钟，80年代发射的第二代和第三代TRANSIT卫星NAVARS和OSCARS弥补了这种不足，但仍需10~15分钟。而且多普勒测速技术也难以提高定位精度（需要准确知道船舶的速度），主要用于2维导航。GPS系统的出现克服了TRANSIT系统的局限性，不仅精度高、可连续导航、有很强的抗干扰能力，而且能提供七维的时空位置速度信息。在最初的实验性导航设备测试中，GPS就展示了其能代替TRANSIT和路基无线电导航系统的能力，在航海导航中发挥划时代的作用。今天很难想象哪一条船舶不装备GPS导航系统和设备，航海应用已名副其实成为 GPS 导航应用的最大用户,这是其他任何领域的用户都难以比拟的。

　　GPS 航海导航用户繁多,其分类标准也各不相同,若按照航路类型划分,GPS 航海导航可以分为五大类:远洋导航、海岸导航、港口导航、内河导航、湖泊导航。不同阶段或区域,对航行安全要求也因环境不同而各异,但都是为了保证最小航行交通冲突,最有效地利用日益拥挤的航路,保证航行安全,提高交通运输效益,节约能源。

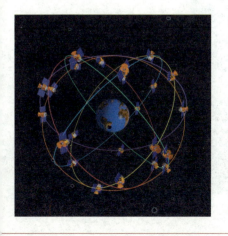

📖 **知识链接**

GPS 在汽车导航和交通管理中的应用

　　三维导航是 GPS 的首要功能。飞机、轮船、地面车辆以及步行者都可以利用 GPS 导航器进行导航。汽车导航系统是在全球定位系统 GPS 基础上发展起来的一门新型技术。汽车导航系统由 GPS 导航、自律导航、微处理机、车速传感器、陀螺传感器、CD-ROM 驱动器、LCD 显示器组成。GPS 导航系统与电子地图、无线电通信网络、计算机车辆管理信息系统相结合,可以实现车辆跟踪和交通管理等许多功能。

大海观察者海洋浮标

科普档案 ●**名称**:海洋浮标 ●**用途**:监测海洋动态变化 ●**特点**:自动采集、发送数据

变化莫测的海洋有时候风平浪静，有时候大浪滔天。有一位观察者，它能有效地观察、监测大海的每一处细微变化，并以数据形式自动传送给人们，让人们未雨绸缪做好应对措施，它就是海洋浮标。

在大海里航行，有时会遇见一个孤零零的、类似航标灯似的物体起伏于大海之中，它就是海洋浮标。

海洋浮标是一种现代化的海洋观测装置，它具有全天候、稳定可靠的收集海洋环境资料的能力，并能实现数据的自动采集、自动标示和自动发送。海洋浮标与卫星、飞机、调查船、潜水器及声波探测设备一起，组成了现代海洋环境监测主体系统，它对于海洋气象、水文及国防安全都有着重要意义。

海洋浮标是一个无人的自动海洋观测站，它被固定在指定的海域，随波起伏，如同航道两旁的航标。别看它在大海上毫不显眼，但它的作用却不小，它能在任何恶劣的环境下进行长期、连续、全天候地工作，每日定时测量并且报出 10 多种水文气象要素。

一般来说，全项目

□海洋浮标

的海洋浮标分为水上和水下两部分。水上部分装有多种气象要素传感器，分别测量风速、风向、气压、气温和湿度等气象要素；水下部分有多种水文要素的传感器，分别测量波浪、海流、潮位、海温和盐度等海洋传感要素。

□海洋浮标是一种现代化的海洋观测装置

各传感器产生的信号，通过仪器自动处理，由发射机定时发出，地面接收站将收到的信号进行处理，就得到了人们所需的资料。有的浮标建立在离陆地很远的地方，便将信号发往卫星，再由卫星将信号传送到地面接收站。

　　大多数海洋浮标是由蓄电池供电进行工作的。但由于海洋浮标远离陆地，换电池不方便，现在有不少海洋浮标装备太阳能蓄电设备，有的还利用波能蓄电，大大减少了换电池的次数，使海洋浮标更简便、经济。

　　我国最早从事海洋技术研究的机构是山东省科学院海洋仪器仪表研究所，该研究所建于1966年，从事海洋技术理论和应用研究、海洋仪器设备研究、开发和生产。该研究所对海洋浮标的常规研究包括：气象、水温、水质方面。研究技术方向主要是四个方向，海洋动力环境监测技术，包括浮标、海洋台站气象水文波浪自动化设备等方面；海洋生态环境监测技术，研究海水中有机污染物及贵重金属元素测量设备及海洋赤潮动态监测分析预报系统等；海洋军用探测技术，主要研究水声警戒浮标系统、水下目标探测定位系统等；自动化控制技术及海洋环境观测设备，主要研究包括港口装备自动化控制技术，制冷设备工程自动化检测技术及计算机技术在海洋环境动态监测网络技术方面的应用。

　　我国第一个使用数字传输的大型海洋水文气象浮标是"南浮一号"全自动海洋浮标，于1980年研制成功。随着我国经济实力的增强，对海洋浮标网的建设也加快了步伐。尽管我国浮标研究起步晚,但起点高、发展快,研制水平已经和国际水平接轨。

美国在世界海域里设有海啸监测浮标 40 个,我国也在南海设立了海洋浮标监测海啸并预警。南海是个海洋灾害多发区,海啸、海浪、赤潮、海平面上升等自然灾害频发,为了有效监测南海的各种灾害,尤其是海啸,我国 2009 年在南海建立了首个气象性海洋浮标。这是我国第一个专门的海啸监测浮标。建成后,通过监测信息反馈,沿海城市可以对多种海洋灾害进行更周全的预防。2014 年,我国南海重布海啸浮标,预警提前至两小时。

📖 知识链接

浮标的分类

美国国家资料浮标中心是美国浮标技术研制和应用的主要部门,多年来一直从事于浮体和锚泊系统、海洋和气象传感器、资料通信技术、店员系统等方面的研制工作。另外还有通用动力公司、得萨斯仪器公司等,都有 10 年以上研制浮标的经验。就浮标的技术性能来讲,有高性能和限性能之分;按浮标的大小,可分为巨型、中型和小型;从浮标形状看,有圆盘形、圆柱形、船形、球形、圆筒形;以浮标的用途分,有工程试验浮标、环境试验浮标和标准环境浮标;根据浮标在水中的状态可分为锚泊浮标和漂流浮标等。

海水中的定时炸弹水雷

科普档案 ●名称:水雷 ●特点:破坏力大,隐蔽性好,造价低廉 ●分类:漂雷、锚雷、沉底雷等

"明枪易躲,暗箭难防",水雷就是海上战争中难躲的"暗箭"。它潜藏在海水中,一旦船只经过或者与之触碰,立即引爆,破坏范围大。你知道吗,水雷的故乡是中国,最早发明这种奇特武器是中国人。

水雷是一种布设在水中的爆炸性武器,它可由舰船的机械碰撞或由其他非接触式因素(如磁性、噪音、水压等)的作用而起爆,用于毁伤敌方舰船或阻碍其活动。与深水炸弹不同的是,水雷是预先施放于水中,由舰艇靠近或接触而引发的,这一点类似于地雷。水雷在进攻中可以封锁敌方港口或航道,限制敌方舰艇的行动;在防御中则可以保护本方航道和舰艇,为其开辟安全区。

这种最古老的水中兵器,它的故乡在中国。

1558年明朝人唐顺之编纂的《武编》一书中,详细记载了一种"水底雷"的构造和布设方法,它用于打击当时侵扰中国沿海的倭寇。这种最早的人工控制、机械击发的锚雷用木箱作雷壳,用油灰粘缝,将黑火药装在里面,其击发装置用一根长绳索系结,由人拉火引爆,木箱下用绳索坠有3个铁锚控制雷体在水中的深度。

水雷的引爆方式有以下几种:

接触引爆:当物体与水雷碰撞,触发内部炸药达到攻击目的。

压力引爆:当船只经过的时候,水雷内部传感器判断压力发生变化就会启爆。只要通过水雷附近都可能引发,有效范围较大。

声响引爆:利用船只发出的声音讯号作为引爆的依据,不需要与物体有直接的接触,有效范围较大。

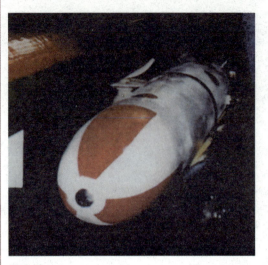

□水雷

磁性引爆：绝大多数的船只在结构上是用会与地球磁场产生交互影响的材料建造，当船只通过水雷附近区域时，周遭的磁场会受到干扰而产生变化，水雷利用内部的传感器判读磁场的变化来决定引爆的时机。磁场不稳定的区域可能无法有效工作或者是发生意外爆炸的情况。现代的扫雷艇、扫雷舰往往都会用非磁性材料制作，如玻璃钢、铝合金等，以避免触发磁性水雷。

数目引爆：较为精密的非接触引信设计，加上数目记忆的功能，不会在侦测到第一个符合设定引爆的目标时就启动引信，而是会记录侦测到的目标数目，直到累积的数量与预先设定相符合的时候才引爆。

遥控引爆：防御性质的水雷可以利用有线或者是无线的方式，由岸上或者是船上的管制中心在适当的时机引爆，其中又以有线的方式最常使用。这种引爆方式只有在收到指定的讯号时才会爆炸。

水雷历来是海战的一种重要战略性武器，它造价低廉，可大批量采购和生产，在战争中能发挥很大的作用。

早在第一次世界大战期间，据记载交战双方共布设水雷31万枚，击沉600吨以上的水面舰艇148艘，占沉没总数的27%；击沉潜艇54艘，占沉没总数的20%；击沉商船586艘，计111.4万吨。

第二次世界大战期间，据记载交战双方共布设水雷80万枚，击沉水面舰艇223艘，击沉潜艇35~45艘，毁伤舰船总数约2700艘。此间，最著名的水雷封锁战役是美国对日本进行的"饥饿战役"。从1945年3月27日到同年8月15日，美国使用80~100架飞机、出动1424架次的B-29轰炸机，在日本海上航道布设了12053枚水雷，击沉击伤其舰船670艘，总吨位近140万吨，使75%以上依赖海运的日本处于极度饥饿和贫困之中。

战后以来，水雷在战争和危机中也得到了广泛的应用。在 1950~1953 年的朝鲜战争中，朝鲜军民布放了 3500 枚水雷，有效地抗击了美军的登陆行动。其中，元山港雷阵使载有 5 万人的 250 艘登陆舰在海上滞留了 8 天之久。1972 年 5 月，美国在越南大量空投水雷封锁港口和航线，使航运被迫停止 8 个月之久。1984 年 7 月，苏联、利比里亚、日本、巴拿马和中国等国的 18 艘商船在红海水域触雷被炸。应埃及政府要求，美、苏、英、法、意等国先后派出 30 余艘现代化扫雷舰艇和 7 架扫雷直升机前往扫雷，结果一无所获，红海水雷事件至今仍是个谜。

1991 年 1 月，在海湾战争爆发前后，伊拉克在波斯湾布设了 1300 多枚水雷，共 16 种型号。这些水雷有效地迟滞了美军的海上行动，动摇了海上大规模抢滩登陆的决心，造成了极大的心理压力。2 月 19 日，美国海军 1 万多吨的"特里波利"号两栖攻击舰和最现代化的导弹巡洋舰"普林斯顿"号相继触雷，丧失了战斗能力，之后，一扫雷舰又触雷被炸。

水雷易布难扫，能对舰船形成长期威胁。第二次大战时残存的水雷，到 1951 年以前，日本有 5 艘舰艇被炸沉，8 艘被炸伤，共计 11945 吨；另有 85 艘商船被炸沉，67 艘被炸伤，共计 187314 吨。

1991 年 2 月 28 日海湾战争结束后，多国部队使用最现代化的扫雷设备才扫除了 140 枚水雷，另外近千枚水雷还不知什么时候能扫除干净。

📖 知识链接

水雷的分类

按水雷引爆方式区分，有触发水雷，非触发水雷和控制水雷三种。触发水雷是要与敌方舰船相撞，才会引爆。触发水雷大多属于锚雷和漂雷。非触发水雷是利用敌方舰船航行时产生的声波、磁场、水压等物理场来引爆水雷。非触发水雷又可分为音响沉底雷、磁性沉底雷、水压沉底雷、音响锚雷、磁性锚雷、光和雷达作引信的漂雷，以及各种联合引信的沉底雷等多种类型。控制水雷通过导线控制，也可以遥控。按布雷工具不同，可分为舰布水雷、空投水雷和潜布水雷。

水下警卫员声呐

科普档案 ●名称:声呐 ●分类:舰艇声呐、潜艇声呐、航空声呐、便携式声呐和海岸声呐等

　　自然界有很多生物靠声波频率来探测方向,比如蝙蝠、海豚、鲸鱼等。有一种水下装置,也可以通过声音传播进行探测定位。有了它,船只舰队就可以畅行安全,这种装置就叫作声呐。

　　声呐是一种水下装置,它能利用声波在水下的传播特性对水下目标进行探测,通过电声转换和信息处理完成水下探测、定位和通讯任务,是水声学中应用最广泛、最重要的一种装置。

　　声呐可按其工作方式、装备对象、战术用途、基阵携带方式和技术特点等分类。例如按工作方式可分为主动声呐和被动声呐;按装备对象可分为水面舰艇声呐、潜艇声呐、航空声呐、便携式声呐和海岸声呐等。

　　主动声呐技术是指声呐主动发射声波"照射"目标,而后接收水中目标反射的回波以测定目标的参数。大多数采用脉冲体制,也有采用连续波体制的。它由简单的回声探测仪器演变而来,主动地发射超声波,然后收测回波进行计算,适用于探测冰山、暗礁、沉船、海深、鱼群、水雷和关闭了发动机的隐蔽的潜艇。

　　被动声呐技术是指声呐被动接收舰船等水中目标产生的辐射噪声和水声设备发射的信号,以测定目标的方位。它由简单的水听器演变而来,收听目标发出的噪声,判断目标的位置和某些特性,特别适用于不能发声暴露自己而又要探测敌舰活动的潜艇。

　　声呐技术至今超过 100 年历史,1906 年由英国海军的李维斯·理察森所发明。他发明的第一部声呐仪是一种被动式的聆听装置,主要用来侦测冰山。这种技术,第一次世界大战时开始被应用到战场上,用来侦测潜藏在

□声呐是一种水下装置

水底的潜水艇,这些声呐只能被动听音,属于被动声呐,或者叫作"水听器"。

1915 年,法国物理学家 Paul Langevin 与俄国电气工程师 Constantin Chilowski 合作发明了第一部用于侦测潜艇的主动式声呐设备。尽管后来压电式变换器取代了他们一开始使用的静电变换器,但他们的工作成果仍然影响了未来的声呐设计。

1916 年,加拿大物理学家 Robert Boyle 承揽了一个属于英国发明研究协会的声呐项目,并在 1917 年中制作出了一个用于测试的原始型号主动声呐,该项目很快就划归 ASDIC(反潜/盟军潜艇侦测调查委员会)管辖,此种主动声呐亦被英国人称为"ASDIC"。为区别于 SONAR 的音译"声呐",将 ASDIC 翻译为"潜艇探测器"。

1918 年,英国和美国都生产出了成品。1920 年英国在皇家海军 HMS Antrim 号上测试了他们仍称为"ASDIC"的声呐设备,1922 年开始投产,1923 年第六驱逐舰支队装备了拥有 ASDIC 的舰艇。

1924 年在波特兰成立了一所反潜学校——皇家海军 Ospery 号(HMS Osprey),并且设立了一支有四艘装备了潜艇探测器的训练舰队。

1931 年美国研究出了类似的装置,称为声呐。

声呐是各国海军进行水下监视使用的主要技术,用于对水下目标进行探测、分类、定位和跟踪;进行水下通信和导航,保障舰艇、反潜飞机和反潜直升机的战术机动和水中武器的使用。此外,声呐技术还广泛用于鱼雷制导、水雷引信,以及鱼群探测、海洋石油勘探、船舶导航、水下作业、水文测量和海底地质地貌的勘测等。

📖 知识链接

拖曳声呐

拖曳声呐是将换能器基阵拖曳在运载平台尾后用于水中探侧目标的声呐,装备在反潜舰艇、反潜直升机和监视船上。拖曳声呐一般长 1.2 千米,它并不是水平漂浮的,而是斜向下深入 500 米左右的水中,也就是潜艇所能达到的深度,以避开温跃层、盐跃层的限制更好地监听周边环境噪音。

水上汽车轮船

科普档案　●**名称**:轮船　●**特点**:不依靠风力,比帆船快　●**分类**:钢质船、内燃机动力船、螺旋桨推进船等

汽车在广袤的大地上畅行无阻,若水上也有像汽车一样奔驰的交通工具,人类不仅是多开辟了一条道路,更能实现对水域的全面认知和探索。轮船的发明宣示人类正式向水上领域进军,从此掀起水上文明的科技浪花。

我国古代的时候就有人研究船,唐代的李皋首先发明了"桨轮船"。他在船的舷侧或艉部装上带有桨叶的桨轮,靠人力踩动桨轮轴,使轮周上的桨叶拨水推动船体前进。因为这种船的桨轮下半部浸入水中,上半部露出水面,所以称为"明轮船"或"轮船",以便和人工划桨的木船、风力推动的帆船相区别。

在国外,有很多研究者进行蒸汽轮船的尝试。法国发明家乔弗莱1769年最早建造蒸汽轮船,用蒸汽机启动,命名为"皮罗斯卡菲",可是没有成功。英国人薛明敦在1802年也建成一艘蒸汽轮船,可没有得到实际应用。

首先发明以蒸汽机为动力的明轮式船是英国人赛明顿。他在1802年制造出了世界上第一艘蒸汽明轮船夏洛特·邓达斯号,其蒸汽机是瓦特式的,这艘船在苏格兰运河上航行了31.5千米。航行虽然成功,但他不太走运,因为明轮掀起的波浪损坏了河堤,这艘具有划时代意义的船被运河管理人扼杀在摇篮中了。

美国人富士顿发明轮船并且成功

□古代"桨轮船"

□克莱蒙特号的轮船

试航,人们把他称为真正发明轮船的人。富士顿童年生活穷困,小时候和几个朋友一起去划船,正好遇上风浪骤起,船无法控制,最后很费劲地才把船靠岸。那时,富士顿就想造一艘不怕风浪的船。

富士顿21岁时东渡伦敦。在一次社交活动中,他偶然遇到大名鼎鼎的瓦特,交谈之下,瓦特发现面前这位年轻人才华横溢,虽然他比富士顿大30岁,但两颗智慧之心息息相通,很快成为忘年之交。当富士顿表示要用瓦特发明的蒸汽机来武装船只时,瓦特立即给予支持。从此,富士顿不顾患有严重肺病,开始埋头研究轮船的制造。

1802年,塞纳河景色如画,一艘长达约9米的轮船在这里下水试航。两岸的观众注视这艘吞云吐雾、不用桨、不用帆面就能迅速行进的船只。不幸试验失败了。由于船只上所用的蒸汽机太重,当天风浪又大,船被拦腰折断,沉没河底。富士顿3年的心血毁于一旦。

失败并未使富士顿失望。他从失败中总结了教训,调整船体结构,又重新披挂上阵。5年时间过去了。1807年8月17日,一艘名叫克莱蒙特号的轮船又在美国纽约市的哈德逊河下水试航了。这艘时代的巨轮,约48米,宽约9米,排水量100吨,船上的发动机是富士顿设计的,而节水机则由瓦特亲手制造。这一天,风和日丽,碧波涟漪,哈德逊河两岸人头攒动,富士顿快步登上轮船,用熟练的技术将发动机发动起来,驾驶着轮船飞速向前驶去。两岸传来阵阵掌声、赞叹声和欢呼声。

此后,在不到8年的时间里,富士顿先后制造了17艘货轮、1艘渡轮、1艘鱼雷艇和1艘快速舰。此外,他还是制造潜水艇的先行者。

首次来到我国的现代轮船是1835年英国的查甸轮,自那以后,开辟到我国的航运线路的外国轮船不断增加。

1861年9月5日,曾国藩率湘军攻克安庆,筹建中国第一个近代军工厂——安庆军械所。曾国藩当时也认识到海上征战轮船的重要性,急迫地想学会西洋制造船炮的技术。他命人寻访人才,听说无锡徐寿、华蘅芳二人都是自学成才的业余科学家,立刻下令征召来署,让二人主持试造西洋轮船。徐寿、华蘅芳用他们掌握的全部蒸汽机知识进行试验,东拼西凑,终于仿造出一个又一个机器部件,装备出一台蒸汽机。

初次试验时,大小官员全来观看,蒸汽机发动起来,只一会儿便停转了,无论如何调试,它还是不转。官员们垂头丧气,上报曾国藩,要求换"洋匠"来造,但曾国藩却支持徐寿、华蘅芳继续改进。不久,曾国藩租赁了一只洋轮,调到安庆,停在江边。这一"无意"安排,使徐寿、华蘅芳抓住机会,细

□现代轮船

心查看了洋船构造。

1862年8月2日,中国人自造的第一台蒸汽机轮船正式试制。1866年4月,轮船终于造成。这艘木质明轮船,载重25吨,长约18.33米,高压引擎,单气筒,航速每小时10千米,取名"黄鹄号"。试航之日,江岸人山人海。徐寿亲自掌舵,华蘅芳担任机长。汽笛声中,轮船起航,驶向大江,岸上人群欢呼雀跃。曾国藩赞曰,洋人之巧,我中国人亦能为之!中国人当时好不自豪。

新中国成立后有政府扶持,造船业取得了更快更好的发展。今日,中国的船业制造已经取得辉煌成绩。

📕 **知识链接**

安庆军械所

安庆军械所又称"军械所",是清末最早官办的新式兵工厂,1861年由曾国藩创设于安徽安庆,制造子弹、火药、枪炮。科学家徐寿曾在此主持制造中国第一艘轮船。1864年迁往南京,改建为金陵机器制造局。安庆航道处机关大楼北15米处,是1861年9月5日建成的中国第一个近代军工厂——安庆军械所的遗址。

轻便的气垫船

科普档案　●名称：气垫船　●原理：用空气的支撑力升离水面　●用途：输送登陆兵、扫雷破障、旅游、救援

　　气垫船是一种以空气在船只底部衬垫承托的交通工具。气垫船是高速行驶船只的一种，行走时因为船身升离水面，船体水阻得到减少，行驶速度比同样功率的船只快。

　　气垫船是用大功率鼓风机将空气压入船底下，由船底周围的柔性围裙或刚性侧壁等气封装置限制其逸出而在船底和水面（或地面）间形成气垫，使船体全部或部分垫升而实现高速航行的船。

　　1950年，科克雷尔在英国诺福克河口的造船行业里任工程师，一次，他的一种实验使他偶然发现了能提高船的航行性能的新概念，因此发明了气垫船。

　　他用两个尺寸不同的铁筒朝厨房用的天平上鼓风，发现相同的风量通

□轻便的气垫船

□气垫船

过两个不同大小的铁筒所产生的冲力不同。大口的铁筒吹在天平上的冲力反而小，而小口的铁筒吹在天平上的冲力，反而比大铁筒大两倍。他意识到可以采用以前不知道的这种现象制造一种新型的船。

1955年，他根据自己的新发现制造了一个气垫船模型，不仅可以在水上甚至可以在地毯上飞驰。但要使气垫船具有实用价值，当时看还有不可逾越的资金和科技难题，这就要使船体既要同水面避免硬接触，同时又要保持与水面的有效接触。所以，控制船底喷气装置成了这项发明的关键所在。

由于这项英国"气垫密封装置"专利当时无法实施，于是上了保密单，一直无人知晓。后来，有一个文职官员很有远见，经过研究论证，由他签字拨款正式研制气垫船。

1959年6月，为了纪念1909年"布莱里奥号"横渡英吉利海峡50周年，足尺型气垫船SRN-1号从反方向横渡英吉利海峡，引起了举世瞩目，气垫船研究制造走向世界。英国是最早研制气垫船的国家。

20世纪60年代初，英国海军就组建了气垫船试验分队，对不同类型的气垫船进行一系列的作战环境试验，如用于扫雷、两栖登陆、发射导弹、反潜等，并从中选出合适的艇型，已装备海军部队的有50吨级BH7型多用途气垫艇。

从20世纪50年代后期起，中国着手气垫技术的应用研究以及气垫船的开发。全国40多个单位组织力量，开始进行原理研究和模型试验，进而试制载人试验车和试验艇。有些单位用航空发动机作动力，采用空气螺旋桨推进或喷气推进；有些单位研制的气垫船兼能上岸；也有些单位则研制以陆用为主的试验性地面效应器或气垫车，名为"漂行汽车""无轮汽车"

"气垫飞行器"等。名称虽不同,但实质均属全垫升式气垫模型。当时这些试验船均未装围裙,所以,操纵性不佳,海上和陆上试验都发现不少问题,只停留在原理性的应用研究阶段。

1962年,国家科委船舶专业组组织制订了《船舶科学技术发展十年(1963~1972年)规划》,将气垫技术的开发列入规划项目。1963~1967年,东北地区沈阳松陵机械厂利用航空活塞式发动机相继研制成全垫升式气垫试验艇"松陵1号""松陵2号"和"松陵3号"。初期采用单层周边围裙,继而改用周边射流火腿形柔性围裙,在松花江、旅顺近海以及辽河水网地区都进行了试航。

气垫船可以直接将登陆兵越过海岸的沙滩或淤泥输送到陆地上,是一种比较理想的登陆作战上陆输送工具,受到各国两栖作战部队的青睐,在许多国家的两栖作战部队中得到了较广泛的应用。气垫船能大部分或全部脱离水面运行,且自身的船体场、磁场、压力场等特征不明显,水中的障碍物一般对其无作用或作用较小,水中的爆炸物也不易被其引爆,可以运用气垫船作为扫雷平台。另一方面营救方便,可以直接停在海面,比直升机悬停工作容易,且受环境干扰小得多,可适应较高海况。气垫船在旅游、探险以及民事救援上也大有作为。

📕**知识链接**

气垫船

　　气垫船又叫"腾空船",是一种以空气在船只底部衬垫承托的交通工具。气垫通常是由持续不断供应的低压气体形成。气垫船除了在水上行走外,还可以在某些比较平滑的陆地上行驶。气垫船是高速行驶船只的一种,行走时因为船身升离水面,船体水阻得到减少,以致行驶速度比同样功率的船只快。气垫船亦可用非常缓慢速度行驶。

飞机船地效飞行器

科普档案 ●名称:地效飞行器 ●特点:航速快、承载量大、隐形效果好 ●用途:军事、民用

航速快、承载量大、隐形效果好、适航性优异,能贴近地面或海面、沙漠或沼泽表面飞行,可以利用雷达的盲区,悄无声息地快速接近目标,用于突击登陆,能够轻易越过岸边反登陆障碍物和地雷——这就是地效飞行器。

地效飞行器是介于飞机、舰船和气垫船之间的一种新型高速飞行器。与普通飞机不同的是,地效飞行器主要在地效区飞行,也就是贴近地面、水面飞行,而飞机主要在地效区以外飞行;与气垫船不同的是,气垫船靠自身动力产生气垫,而地效飞行器靠地面效应产生气垫。在军事上可用于登陆运输、反潜和布雷等任务,民用方面可用于海上和内河快速运输、渔情侦察、水上救生等。

1932年5月24日,德国一架名叫"多克斯"的水上飞机正在大西洋上空正常飞行。忽然,发动机转速降低,飞机随之下落。原来,发动机部分油路堵塞。一场机毁人亡的事件顷刻就要发生。奇迹却在这个时候出现了。当

□地效飞行器

□地效飞行器是一种新型高速飞行器

飞机掉到距水面约 10 米时，不知从哪里来了一种神奇的升力，它巧妙地将机身自动拉平，并让它一直保持在这个高度上向前飞行……最后，这股魔力将飞机完好无损地送到了目的地。新闻界披露这一偶然事件后，许多科学家被深深震动了。这种鬼使神差的力量到底来自哪里呢？

有的舆论急不可待地认为，这是偶然路过的外星人伸出手帮了一把忙，还有一些人深信是神的力量。务实的科学家们却踏踏实实地迅即投入到艰苦的研究中去了，在这项研究中最先取得重要成果的是空气动力学家。他们的研究表明，当运动的飞行器掉到距地面(或水面)很近时，整个机体的上下压力差增大，升力会陡然增加。这种可以使飞行器诱导阻力减小，同时能获得比空中飞行更高升阻比的物理现象，被科学家称为地面效应(或表面效应)，并由此开辟了一门边缘学科，即表面效应翼技术，简称地效飞行技术。

俄罗斯研究了这项技术，他们把这种飞行体称为"地效飞行器"或"地屏飞行器"。从结构上说它是飞机，但却贴着地面。它利用地面效应，在机体下形成一个空气卷筒随着飞机运动，通过三角形的相应承载面，这种效应更为加强，巨大的喷气发动机在前头将吸入的空气斜射到支承面下，从而加强这种飞行器的作用，真正的飞行是依靠装在尾部的其他发动机实现的。"地效飞行器"不仅能够在水面上飞行、随地降落和重新起飞，而且能够越过结冰的苔原，它不受波浪，潮汐甚至地雷区的干扰。俄罗斯已经造出了

□中国地效飞行器

多种型号的地效飞行器,不仅能够在 10 米高度上运动,而且在需要时可以达到 3000 米以上高空。

美国曾在 20 世纪 80 年代初注意到苏联一个奇怪的飞行体,它以令人不能置信的速度在任何雷达都探测不到的低空飞行于里海之上。这种飞行物体态庞大、速度惊人,是贴水飞行的水面飞行器。美国人按照他们掌握的对世界总的技术状况分析,他们认为地球人还不可能拥有如此怪异的庞大飞行器。这种发现和认识公之于世以后,世人的各种猜测和臆想如波涛起伏。最后,西方人只得模糊而又无奈地称之为"里海怪物"。

20 世纪 80 年代末 90 年代初,苏联解体。苏联的许多机密事件和科学技术逐渐被世人揭开真相,"里海怪物"也终于大白于天下。原来,自 1932 年芬兰工程师卡奥尔诺在结冰的湖面上成功地进行了地效飞行器牵引模型试验后,瑞典、瑞士、美国、德国、日本等一些较有实力的国家也都进行了一系列试验。然而,研制地效飞行器受到了许多技术条件的限制,在追求与等待中,一些国家逐渐放弃,比如美国就大大放慢了研究步伐,有的国家却仍在研究,比如苏联。早在 60 年代,由于飞机气动力、结构力学、发动机及综合控制技术的日趋成熟,苏联出于军事上的需要,亟须研制系列高速船舶,于是,经过充分论证,集中精力研制发展地效飞行器提上了日程。当年,美国的侦察卫星从太空中看到的"里海怪物",其实就是这些地效飞行器的运动身影。当西方人终于弄清"里海怪物"的底细之后，从政要到军事科学家无不大吃一惊。这种吃惊在于，他们发现，这种飞行器不仅有极为广阔的民用前景，更有可能改变战争样式的军事价值。

我国的地效飞行器是在1998年试航的。1998年下半年中国科技开发院召开新闻发布会时，DXF100型15座地效飞行器（艇）在湖北荆门漳河水库进行了水上掠航演示。12月，"天鹅"号（751型）15座动力气垫地效翼船（艇）在上海淀山湖上海船舶工业公司举办的新闻发布会上也进行了水上掠航演示，同时宣布已通过系列试验及中国船舶工业总公司的验收。当中国第一艘地效飞行器终于于1998年11月在湖北荆门试飞成功的时候，英国航空界便惊呼道："中国已成为世界上地效飞行器研制最先进的国家之一。"

知识链接

地效飞行器的应用

在军事领域，地效飞行器除可用于攻击敌舰艇及实施登陆作战外，也可用于执行运送武器装备、快速布雷、扫雷等任务，还可为海军部队提供紧急医疗救护。在民用领域，地效飞行器不仅可用于客、货运输，还可用于资源勘探、搜索救援、旅游观光、远洋渔船和钻井平台换员运输、通信保障与邮递等，用于跨海洋运输有较好的经济性和安全性。有人预言，地效飞行器的出现，将引起21世纪海上交通运输的革命。

水上战士潜水艇

科普档案 ●名称：潜艇 ●特点：能隐蔽活动实施突然袭击，自给力、续航力和作战半径大，威力较强

潜艇是海军的主要舰种之一。它战斗中的主要作用是对陆上战略目标实施袭击，消灭运输舰船、破坏敌方海上交通线，攻击大中型水面舰艇和潜艇，执行布雷、侦察、救援和遣送特种人员登陆等。

潜艇分单壳潜艇和双壳潜艇。双壳潜艇艇体分内壳和外壳，内壳是钢制的耐压艇体，保证潜艇在水下活动时能承受与深度相对应的静水压力；外壳是钢制的非耐压艇体，不承受海水压力，内壳与外壳之间是主压载水舱和燃油舱等。单壳潜艇只有耐压艇体，主压载水舱布置在耐压艇体内。潜艇有多个蓄水舱，当潜艇要下潜时就往蓄水舱中注水，使潜艇重量增加，大于它的排水量，潜艇就下潜；要上浮时就往外排水，使潜艇重量降低，小于它的排水量，潜艇就上浮。

潜艇主要执行巡逻、警戒、封锁、反潜、侦察等任务。其攻击对象首选为敌方的运输船或商船，而航母、战列舰、巡洋舰等大型水面舰艇由于大多有护航舰艇和飞机保护，攻击风险较大。

18世纪70年代，一个叫布什内尔的美国人建成一艘单人操纵的木壳艇"海龟"号，通过脚踏阀门向水舱注水，可使艇潜至水下6米，能在水下停留约30分钟。艇上装有两个手摇曲柄螺旋桨使

□核潜艇"鹦鹉螺"号

艇获得一定速度并操纵艇的升降。艇内有手操压力水泵，排出水舱内的水，使艇上浮。艇外携一个能用定时引信引爆的炸药包，可在艇内操纵系放于敌舰底部。1776年9月，"海龟"号潜艇偷袭停泊在纽约港的英国军舰"鹰"号，

□ 核潜艇

虽未获成功，但开创了潜艇首次袭击军舰的尝试。

1801年，美国人R.富士顿建造的"鹦鹉螺"号潜艇，艇体为铁架铜壳，艇长7米，携带两枚水雷，由4人操纵；水上采用折叠桅杆，以风帆为动力。水下采用手摇螺旋桨推进器推进。19世纪60年代，美国南北战争中，南军建造的"亨利"号潜艇长约12米，呈雪茄形，用8人摇动螺旋桨前进，使用水雷攻击敌方舰船。

1863年，法国建造了"潜水员"号潜艇，使用功率58.8千瓦（80马力）的压缩空气发动机作动力，能在水下潜航3小时，下潜深度为12米，但是由于其他原因最后失败。"潜水员"号采用蒸汽机作动力失败后，潜艇设计师们不得不另辟蹊径，为潜艇寻找更好的动力装置。

1886年，英国建造了"鹦鹉螺"号潜艇，使用蓄电池动力推进，成功地进行了水下航行，从此，电动推进装置为潜艇的水下航行展现了广阔前景。

对现代潜艇的发展做出过最大贡献的，当属美国潜艇设计师约翰·霍兰。1875年，霍兰将建造新型潜艇的计划送交美国海军部，却因美军有失败先例而拒绝。他得到了流亡美国的由爱尔兰一些革命者组成的"芬尼亚社"的大力资助。在"芬尼亚社"的支持下，经过3年时间的努力，霍兰终于在1878年将自己的第一艘潜艇送下了水。

□现代潜艇

　　该潜艇被命名为"霍兰–I"号，是一艘单人驾驶潜艇。艇长5米，装有一台汽油内燃机，能以每小时3.5海里的速度航行。但由于潜艇水下航行时内燃机所需空气的问题没有解决，故潜艇一潜入水下发动机就停止了工作。虽然这是一艘不成功的潜艇，但霍兰却在它的身上积累了经验，为下一步建造新的潜艇打下了基础。

　　1881年，霍兰成功建造他的第二艘潜艇，命名为"霍兰–II"号（也称"芬尼亚公羊"号）。该艇长约10米，排水量19吨，装有一台11千瓦的内燃机。为解决纵向稳定性问题，霍兰为潜艇安装了升降舵。同时，他还在艇上安装了一门加农炮，使得"芬尼亚公羊"号潜艇既能在水下发射鱼雷，又能在水面进行炮战。"芬尼亚公羊"号的建成给公众以极大的鼓舞，在潜艇发展史上也被认为是一个重要的里程碑。

　　1897年5月17日，时年56岁的霍兰终于成功地制造出了"霍兰–VI"号潜艇。该艇长15米，装有33.1千瓦汽油发动机和以蓄电池为能源的电动机，是一艘采用双推进的最新潜艇。在水面航行时，以汽油发动机为动力，航速可达每小时7海里，续航力为1000海里。在水下潜航时，则以电动机为动力，航速可达每小时5海里，续航力50海里。该艇共有5名艇员，武器为一具艇首鱼雷发射管和2门火炮，火炮瞄准靠操纵潜艇艇体对准目标。该艇能在水下发射鱼雷，水上航行平衡，下潜迅速，机动灵活。这是霍兰一生中设计和建造出的最后一艘潜艇。为了纪念这位伟大的先驱者，人们将其称为"霍兰"号。双推进系统在该艇上的运用，使这艘潜艇取得了潜艇发展史上前所未有的成功，从而奠定了霍兰作为"现代潜艇之父"的地位。

19世纪的最后10年中，潜艇已成为至少是具有潜在威慑力量的武器了。20世纪初，潜艇装备逐步完善，性能逐渐提高，出现具备一定实战能力的潜艇。第一次世界大战一开始，潜艇就被用于战斗。第二次世界大战后，世界各国海军十分重视新型潜艇的研制。至80年代末，世界上近40个国家和地区，共拥有各种类型潜艇900余艘。随着科学技术的发展和反潜作战能力的不断提高，潜艇的战术技术性能将进一步提高。

📖 知识链接

潜艇的分类

　　潜艇按作战使命分为攻击潜艇与战略导弹潜艇；按动力分为常规动力潜艇（柴油机—蓄电池动力潜艇）与核潜艇（核动力潜艇）；按排水量分，常规动力潜艇有大型潜艇（2000吨以上）、中型潜艇（600～2000吨）、小型潜艇（100～600吨）和袖珍潜艇（100吨以下），核动力潜艇一般在3000吨以上；按艇体结构分为双壳潜艇、一壳半潜艇和单壳潜艇。

海上圣斗士航空母舰

科普档案 ●名称:航空母舰 ●特点:舰机合一、攻防兼备 ●任务:夺取海战区的制空权和制海权

高空盘旋的战机可以在任何地点进行空中武力打击，装备一新的战舰在海上激战时独当一面。若要把两者相结合，该多完美。首次提出这个迷人梦想的是法国著名发明家克雷曼·阿德，他向世界描述了飞机与军舰结合的产物——航空母舰。

1909年，法国著名发明家克雷曼·阿德在当年出版的《军事飞行》一书中，前无古人地提出了航母的基本概念和建造航母的初步设想，并第一次使用了"航空母舰"这一概念。然而，当时法国军方正以极大的热情研制水上飞机，似乎没有多少心思去关心这种异想天开的航母。阿德的创意却在英伦三岛得到了热烈的反响，并为英国人实现航母之梦带来了希望之光。

1912年，英国海军对一艘老巡洋舰"竞技神号"进行了大规模改装。工程技术人员拆除了军舰上的一些火炮和设备，在舰首铺设了一个平台用于停放水上飞机，另外在舰上加装了一个大吊杆，用来搬运飞机。这样，"竞技神号"就成了世界上第一艘水上飞机母舰。不过，它却并不是阿德所勾画的那种航空母舰，也不是现

□海上圣斗士航空母舰

□ 航空母舰

代意义上航母的雏形，因为舰上所载的飞机并不能够在舰上直接起降，所有飞机都需要从水上起飞和在水上降落，然后再从水中提升到军舰上。

1914年，3架索普威斯807式水上侦探机在英国"皇家方舟号"战列巡洋舰起飞获得成功。很快，英国海军即将此舰改装成为水上飞机搭载舰。次年底，这艘水上飞机母舰作为英国海军第一艘正式的水上飞机母舰加入现役。后来，它改名为"柏伽索斯"号，也就是有些史料上所说的世界上第一艘航空母舰。但实际上，"柏伽索斯"号只能称之为可以在舰上起飞飞机的第一艘水上飞机母舰，因为飞机仍然不能在舰上降落。

水上飞机母舰问世后不久就在海战中初露锋芒。1914年12月25日，以"恩加丹号""女皇号"和"里维埃拉号"三艘水上飞机母舰及巡洋舰和驱逐舰组成的一支英国特混舰队受命前去袭击库克斯港的德国飞艇基地，虽未达到预期效果，却向世人展示了用以母舰为主的特混编队从空中攻击敌舰的全新战法和光明前景。

1915年8月12日，英国海军飞行员埃蒙斯驾驶一架从水上飞机母舰

□世界上第一艘全通甲板的航母——"百眼巨人号"

上起飞的肖特184式水上飞机，成功地用一枚367千克重的鱼雷击沉了一艘5000吨级的土耳其运输舰。这是水上飞机诞生后所取得的第一次重大战果。

1916年，英国的航母设计师总结水上飞机参战以来的经验教训，重新提出了研制可在军舰上起降飞机的航母的问题，并建议把陆基飞机直接用到航母上去。

此后，英国的设计师们开始对航母的结构进行新的重大修改，并由此促使了世界上第一艘全通甲板的航母——"百眼巨人号"的诞生。"百眼巨人号"原名"卡吉士号"，是英国造船商为意大利造的一艘客轮，开工不久即被英国海军买下，准备改建成航母。改建工作始于1917年，次年9月方告完成。在改建过程中，遇到的最大难题就是"不定常涡流"的问题。正当英国的造船专家们一筹莫展之时，一名海军军官却想出了一个奇妙的办法。这个办法就是：把舰桥、桅杆和烟囱统统合并到上层建筑中去，然后把整个建筑的位置从飞机甲板的中间线移到右舷上去，这样起飞甲板和降落甲板就能连为一体，而"不定常涡流"的影响也将不复存在。这位海军军官把自己的高招称之为"岛"式设计。

"百眼巨人号"的舰载机采用了一种原来在陆基起降的"杜鹃"式鱼雷攻击机，它折叠式的机翼能携带450千克重的457毫米鱼雷，具有很强的进攻能力。由于这种飞机建造的速度太慢，以至于第一批准备上舰的飞机，未能赶上第一次世界大战。

"百眼巨人号"已经具备了现代航空母舰所具有的最基本特征和形状。它的诞生，标志着世界海上力量发生了从制海权到制海与制空相结合的一次革命性变化。

　　世界上第一艘航母来自日本。日本于1922年12月建成了"凤翔"号，由于它不是改装的，所以被认为是世界上专门设计建造的第一艘航空母舰。

　　日本的"凤翔"号航母于1921年10月在浅野造船厂动工，1922年10月下水、12月完工。由于在建造"凤翔"号之前，日本海军没有建造专门航空母舰的经验，许多设计仍在摸索阶段，所以该舰也算是日本航空母舰的试验舰。在原设计中有些错误，到1923年，"凤翔"号才一一改正了这些错误设计。1944年，为了搭载新式战机，"凤翔"号的飞行甲板被加长到180.8米。由于改装后的飞行甲板长度超出舰长太多，使得航母的耐波性降低，无法进行远洋活动。但"凤翔"号也因祸得福，由于活动减少而得以躲过美军铺天盖地的攻击，存活到日本战败后，于1946年9月被解体。

知识链接

英国的"竞技神"号航空母舰

　　英国的"竞技神"号实际上是第一艘真正采用岛式结构的航空母舰，成为各国航母争相模仿的标准样板。"竞技神"号的标准排水量是10950吨，载机20架。后来由于舰载机大小、重量的不断增加，载机数量减少到15架。它的另一个突出特点是舰上配备了强大的火力，4门140mm炮、4门102mm炮和4门47mm炮，主要用于防空作战，这一点与现代航母注重对空防御如出一辙。

迷惑海底空间

□炫彩瑰丽的海洋万象

第 **3** 章

失踪的大西洲

科普档案 ●名称:大西洲 ●位置:直布罗陀海峡以西 ●传说来源:柏拉图的两篇对话

传说中高度文明的亚特兰蒂斯,土地肥沃、森林茂密、建筑雄伟、百姓安居乐业。后来,一场自然灾难将亚特兰蒂斯席卷覆灭于茫茫大海,从此神秘地消失不见。

传说许多年前,地球上有个亚特兰蒂斯岛,岛上散居着许多民族,共有 10 个国家,其中面积最大、人口最多、文明程度最高、国力最强盛的国家的国王名叫"大西"。他最后统一了这块由各部落分割的土地,后人便以他的名字将亚特兰蒂斯岛命名为大西洲。统一后的大西洲土地肥沃、气候湿润、植物繁盛、矿产丰富,人民安居乐业。那儿的城墙镶满铜锡,庙宇镀着金和银,道路宽广,河流纵横,贸易兴旺发达。但乐极生悲,富强起来的大西国发动了侵略战争,开始时所向披靡,先后征服了埃及等国,但最后在雅典战役中,遭到希腊人民的顽强抵抗,大败而归。后来也不知发生了什么,大西洲连同它的所有居民在短短的一日一夜里,从地球上突然消失得无影无踪。

最早记载大西洲故事的是希腊学者大哲学家柏拉图。柏拉图在公元前 350 年写的两篇对话录《克里斯提阿》和《泰密阿斯》中写道:9000 年前,在大西洋有座亚特兰蒂斯岛,面积比利比亚与当时所知的亚洲国家总和还大,那里土地肥沃,矿产丰富,人们会冶炼、耕作、建筑。那里道路四通八达,运河纵横交错,贸易往来十分发达。为了攫取更多的财富,他们四处扩张,有强大的船队,曾征服了包括埃及在内的地中海沿岸大片区域。不料,一场毁灭性的地震和随之而来铺天盖地的海啸,使整个亚特兰蒂斯岛载着都市、寺院、道路、运河以及全体国民,在一夜之间沉陷海底,消失在滔天的浪峰洪谷之中。

千百年来，柏拉图对大西洲的生动描写不仅给人们带来了极大的乐趣，同时也给后来的科学家留下了千古之谜。诸如大西洲原先的位置在哪里？它是否真的沉没在大西洋海底？如果是，那么又是什么力量使偌大一

□传说中的高度文明的亚特兰蒂斯

个大西洲沉没洋底？早在6世纪，科学界就曾就此展开持久激烈的争论。由于亚特兰蒂斯的传说，不少富有兴趣而又勇于探险的考古学家便进行了尝试，以期找到柏拉图描绘的那片富于诗意的绿洲。一些人寻觅于地中海的西部，认为它占据着西西里到塞浦路斯之间的地区，并认为这两个岛屿是亚特兰蒂斯边缘部分的残余，另一些人则说它杂陈于地中海的东部，更有一些人推测美洲大陆就是亚特兰蒂斯。还有的研究家则认为，亚特兰蒂斯是凭空幻想出来的，与培根的新亚特兰蒂斯和托马斯·莫尔的乌托邦相类似，这样便彻底否定了它的真实性。

1967年的一天，美国一飞行员在大西洋巴哈马群岛低空飞行时，突然发现水下几米深的地方有一个巨大的长方形物体。次年，美国一考察队在安德罗斯岛附近海下也发现了一座古代寺庙遗址，长30米、宽25米，呈长方形；在比米尼岛附近海下5米处发现了一座平坦的经过加工的岩石大平台。

考察队断定，在遥远的过去，巴哈马群岛一带的海底曾是一座用岩石修筑的大陆城市。有些科学家还在大西洋底的好几个地方发现了岩石建筑物，其中有防御工事、墙壁、船坞和道路。这些海底建筑物的排列和形状，与传说中的亚特兰蒂斯非常一致。科学家根据种种发现加以推测，已经消失了的

古代大西洲——亚特兰蒂斯,可能就沉没在波涛滚滚的大西洋底。

1974年,苏联的一艘海洋考察船在大西洋底下拍到了8幅照片,它们共同显示一座宏大的古代人工建筑物。考古学家对此做了分析,认为很有可能就是聪明而悲壮的大西洲人建筑奇迹的遗物。

关于大西洲的沉没地点众说纷纭,迄今已有多种不同的说法。

第一种说法,也是最流行的说法,称大西洲沉没在了大西洋中。第二种说法则说它沉没在了巴哈马近海。第三种说法是大西洲沉没在了地中海里。第四种说法是,大西洲沉入了神秘的百慕大三角海底。上述观点,考古学家们都各持己见,但遗憾的是,没有人敢肯定自己的解释是问题的真正答案。看来这一旷日持久的争论,在长达20多个世纪的探索之后还将继续下去。

📖 知识链接

大西洲

传说中沉没的大西洲,位于大西洋中心附近。大西洲文明的核心是亚特兰蒂斯大陆,大陆上有宫殿和奉祝守护神——波塞冬(希腊神话中的海神)的壮丽神殿,所有建筑物都以当地开凿的白、黑、红色的石头建造,美丽壮观。首都波赛多尼亚的四周,建有双层环状陆地和三层环状运河。在两处环状陆地上,还有冷泉和温泉。除此之外,大陆上还建有造船厂、赛马场、兵舍、体育馆和公园等。

神秘的海底人

科普档案 ●名称：海底人 ●观点：一、是史前人类的另一分支；二、是栖身于水下的特异外星人

在神秘莫测的大西洋底生活着一种海底人。忽然某天，一些海底人感到孤独，便好奇地浮出海面，混入陆上的人类中⋯⋯这是科幻小说《大西洋底来的人》里的故事。很多读者疑惑，大西洋底下会不会真的生活着另一种人类？

1938年，在东欧波罗的海东岸的爱沙尼亚朱明达海滩上，一群赶海的人发现一个从没见过的奇异动物：它嘴部很像鸭嘴，胸部却像鸡胸，圆形头部有点像蛤蟆。当这"蛤蟆人"发现有人跟踪它时，便一溜烟跳进波罗的海，速度极快，几乎看不到双脚，在沙滩上留下硕大的蛤蟆掌印。

渔民在加勒比海海域捕到11条鲨鱼，其中有一条虎鲨长18.3米，解剖这条虎鲨时，在它的胃里发现了一副异常奇怪的骸骨，骸骨上身1/3像成年人的骨骼，但从骨盆开始却是一条大鱼的骨骼。当时渔民将之转交警方，经过验尸官检验，结果证实是一种半人半鱼的生物。

1958年，美国国家海洋学会的罗坦博士使用水下照相机，在大西洋4000多米深的海底，拍摄到了一些类似人但却不是人的足迹。

英国的《太阳报》曾报道，1962年曾发生过一起科学家活捉小人鱼的事件。苏联列宁科学院维诺葛雷德博士讲述了经过：当时，一艘载有科学家和军事专家的探测船，在古巴外海捕获

□半人半鱼的生物

了一个能讲人语的小人鱼,皮肤呈鳞状,有鳃,头似人,尾似鱼。小人鱼称自己来自亚特兰蒂斯市,还告诉研究人员在几百万年前,亚特兰蒂斯大陆横跨非洲和南美,后来沉入海底……后来小人鱼被送往黑海一处秘密研究机构,供科学家们深入研究。

到了20世纪80年代末期,又有人传闻在美国南卡里来纳州比维市的沼泽地中有怪物出没。目击者说,这种半人半兽的"蜥蜴人"身高近二米,长着一双大眼睛,全身披满厚厚的绿色鳞甲,每只手仅有三个指头。它直立行走,力大无比,能轻而易举地掀翻汽车。它能在水泽里行走如飞,因此人们无法抓住它,许多人据此猜测这怪物可能就是爬上岸的海底人。

越来越多的海底怪物让人疑惑,这些怪物是人类从海洋里爬上来后,残留一个支脉留在海洋深处吗?还是来自外星的异域文明?他们是怎样的"海底人"?

有一种观点认为,"海底人"既能在"空气的海洋"里生存,又能在"海洋的空气"里生存,是史前人类的另一分支,理由是:人类起源于海洋,现代人类的许多习惯及器官明显地保留着这方面的痕迹,例如喜食盐、会游泳、爱吃鱼等。这些特征是陆上其他哺乳动物不具备的。

第二种观点认为,"海底人"不是人类的另一分支,很可能是栖身于水下的特异外星人,理由是这些生物的智慧和科技水平远远超过了人类。但是这种假设太离奇,没有得到多数科学家的认可。

令人吃惊的是,据说海中也经常有一些不明潜水船,它神出鬼没,性能先进,令人难以置信。报纸报道说,1973年幽灵潜艇在挪威的感恩克斯纳湾露面。当时北约和挪威等国海军在举行大规模联合军事演习,对这艘胆大妄为的潜艇,联合舰队极为恼火,决定发动攻击。数十艘舰艇同时向不明潜水艇开火,但它在枪林弹雨中出入,如入无人之境,就连海军发射的三枚极先进的"杀手鱼雷"也无一击中目标。当这艘幽灵潜艇突然浮出海面时,所有舰艇上的电子装置竟同时发生故障,通讯中断,雷达、声呐系统也全部失灵。等十分钟后不明潜水艇潜下水时,舰队的无线电通讯才恢复正常。

不明潜水物的踪迹遍布全球各地海域,引起了研究人员的关注,甚至有人认为，不明潜水物便是海底人的舰船，而更耸人听闻的是，许多人都说他们在海中发现了各式各样的神秘建筑物。

海底是否真的有人生活，一直是科学家争论不休的问题。

有些学者认为，有关发现海底人、幽灵潜艇和海底城堡的传闻，大都是一些无聊的人无中生有、信口胡编的骗局，是有些人为了出名而编造了这些稀奇古怪的经历和传闻，而有些纯粹是出于好玩或寻开心。这些学者认为，所谓发现的海底人，可能是海中的一些动物，而幽灵潜艇可能是一些试验性的先进潜艇，而发现的水中城堡、金字塔纯属子虚乌有，根本没有令人信服的证据足以证明这类海底建筑的存在。有许多人却持相反看法。他们认为，种种迹象表明，在广袤无边的大海深处，应该存在着另一类神秘的智能人类——海底人。他们的根据是：陆上的人类是从海洋动物进化而来的。海底人是地球人类进化中的一个分支，和陆地人类一样，他们在海洋中不断进化，但最终没有脱离大海，而是成为大洋中的主人。

海底人到底是否存在，他们来自何方，今天我们尚无法得出结论，但可以肯定，未来的某天，这一谜底最终将被揭开！

📙 知识链接

海底人的建筑

认为存在"海底人"的学者认为，著名的"比密里水下建筑"就是海底人的建筑遗迹。后来由于海底上升，只适于深海生活的海底人只好放弃他们的城堡。他们甚至指出，西班牙海底发现的大型圆顶透明建筑和大西洋底发现的金字塔可能是海底人类的高科技建筑及设备。金字塔可能是用来发电或净化、淡化海水的设备。而那些建筑上的雷达状天线可能是他们进行海底无线联系的网络天线。

消失的仙湖罗布泊

科普档案 ●名称:罗布泊湖 ●位置:塔里木盆地东部 ●面积:超过1万平方千米

曾经有一汪碧波荡漾的湖水,湖水周围绿林环绕,牛羊成群,罗布人生生不息,丝绸之路在这里繁荣百年。后来,塔里木河改道、孔雀河断流,终于在1972年,本来是"烟波浩渺"的罗布泊完全干涸了,成了一望无际的戈壁滩。

罗布泊位于新疆塔里木盆地东北部,是阿尔金山、塔克拉玛干沙漠和库鲁克山包围之中的一片水洼。塔里木河、孔雀河、车尔臣河、疏勒河等汇集于此,同时也部分地受到祁连山冰川融水的补给,融水从东南通过疏勒河流入,从而形成了巨大的湖泊,这片面积达3006平方千米的水域,被誉为中国的第二大咸水湖,碧波浩渺,鸟兽穿梭,是罗布人繁衍生息赖以生存的生命之源。

汉代,罗布泊"广袤三百里,其水亭居,冬夏不增减",它的丰盈,使人猜测它"潜行地下,南也积石为中国河也"。这种误认罗布泊为黄河上源的观

□罗布泊湖

点，由先秦至清末流传了 2000 多年。到公元四世纪，曾经是"水大波深必汛"的罗布泊西之楼兰，到了要用法令限制用水的拮据境地。

清代末年，罗布泊水涨时，仅有"东西长八九十里，南北宽二三里或一二里不等"，成了区区一小湖。1921 年，塔里木河改道东流，注入罗布泊，至 20 世纪 50 年代，湖的面积又达 2000 多平方千米。60 年代因塔里木河下游断流，罗布泊渐渐干涸，1972 年底，彻底干涸。历史上，罗布泊最大面积为 5350 平方千米，民国 20 年（1931 年），陈宗器等人测得面积为 1900 平方千米。民国 31 年（1942 年），在苏制 1/50 万地形图上，量得面积为 3006 平方千米。1958 年，我国分省地图标定面积为 2570 平方千米。1962 年，航测的 1/20 万地形图上，其面积为 660 平方千米。1972 年，最后干涸部分为 450 平方千米。近代，一些进入罗布泊地区的外国人把罗布泊说成是"游移湖"。

清代，阿弥达深入湖区考察，撰写《河源纪略》卷九中载："罗布淖尔为西域巨泽，在西域近东偏北，合受偏西众山水，共六七支，绵地五千，经流四千五百里，其余沙啧限隔，潜伏不见者不算。以山势撰之，回环纡折无不趋归淖尔，淖尔东西二面百余里，南北百余里，冬夏不盈不缩……"这里，曾经是一个人口众多，颇具规模的古代楼兰王国。公元前 126 年，张骞出使西域归来，向汉武帝上书："楼兰，师邑有城郭，临盐泽"。它成为闻名中外的丝绸之路南支的咽喉门户。曾几何时，繁华兴盛的楼兰无声无息地退出了历史舞台。盛极一时的丝路南道，黄沙满途，行旅裹足。烟波浩渺的罗布泊，也变成了一片干涸的盐泽。此后湖水减少，楼兰城成为废墟。1921 年后塔里木河东流，湖水又有增加，1942 年测量时湖水面积达 3000 平方千米。1962 年湖水减少到 660 平方千米。1970 年以后干涸，主要原因是因为塔里木河两岸人口突然增多，不断向塔里木河要水，其长度急剧萎缩至不足 1000 千米，300 多千米的河道干涸，导致罗布泊最终于 1972 年干涸。罗布泊的消失，使罗布泊地区形成了死亡之海——戈壁沙漠。

罗布泊干枯后，就连"生而不死 1000 年，死而不倒 1000 年，倒而不枯 1000 年"的胡杨树现在也成片地死去、倒下、枯萎，那里也再没有鸟兽的踪影。如今，从卫星相片上反映出来的罗布泊是一圈一圈的盐壳组成的荒漠！

□中国的第二大咸水湖

罗布泊的沙漠是怎么形成的呢？塔里木河两岸人口激增，水的需求也跟着增加。扩大后的耕地要用水，开采矿藏需要水，水从哪里来？人们拼命向塔里木河要水。几十年间塔里木河流域修建水库 130 多座，任意掘堤修引水口 138 处，建抽水泵站 400 多处，有的泵站一天就要抽水 1 万多立方米。盲目地用水像个吸水鬼，终于将塔里木河抽干了，致使塔里木河由 60 年代的 1321 千米萎缩到 1000 千米，320 千米的河道干涸，沿岸约 3333.33 公顷耕地受到威胁。断了水的罗布泊马上变成一个死湖、干湖。罗布泊干涸后，周围生态环境马上发生巨变，草本植物全部枯死，防沙卫士胡杨树成片死亡，沙漠以每年 3~5 米的速度向湖中推进。罗布泊很快和广阔无垠的塔克拉玛干沙漠融为一体。到 20 世纪 70 年代完全消失，罗布泊从此成了令人恐怖的地方。

为揭开罗布泊的真面目，古往今来，无数探险者舍生忘死深入其中，不乏悲壮的故事，更为罗布泊披上神秘的面纱。

1950 年，解放军剿匪部队一名警卫员失踪，事隔 30 余年，地质队竟在远离出事地点百余千米的罗布泊南岸红柳沟中发现了他的遗体。

1980 年 6 月 17 日，著名科学家彭加木在罗布泊考察时失踪。国家出动了飞机、军队、警犬，花费了大量人力物力，进行地毯式搜索，却一无所获。

1990 年，哈密有 7 人乘一辆客货小汽车去罗布泊找水晶矿，一去不返。两年后，人们在一陡坡下发现 3 具卧干尸。汽车距离死者 30 千米，其他人下落不明。

1995 年夏，米兰农场职工 3 人乘一辆北京吉普车去罗布泊探宝而失踪。后来的探险家在距楼兰 17 千米处发现了其中 2 人的尸体，死因不明，另一人下落不明，令人不可思议的是他们的汽车完好，水、汽油都不缺。

1996 年 6 月，中国探险家余纯顺在罗布泊徒步孤身探险中失踪。当直升机发现他的尸体时，法医鉴定已死亡 5 天，既不是自杀也不是他杀，身强力壮的他到底是因何而死呢？

罗布泊消失了，如同地球遗落的一滴眼泪，永不见踪影。古楼兰国也衰亡了，只留下千年沧桑的伤痕。可是，罗布人还在罗布泊的周边生生息息，感悟生活，一代又一代。

📖**知识链接**

罗布泊

2003 年 10 月，中国科学院组织了一支罗布泊科学钻探考察队，揭示了罗布泊地区气候环境变化的过程及该地区人类文明变迁的原因。考察队认为，距今 7 到 8 万年前，青藏高原的快速隆升，抬高了罗布泊南面和西面的湖底，罗布泊由南向北迁移，原先巨大统一的古罗布泊分解成现在的台特马湖、喀拉和顺湖和北面较大的罗布泊。而后，随着整个地区的干旱化、冰川萎缩、河流流量减少、人类活动加剧，1972 年，罗布泊最终干涸。

惊悚的"骷髅海岸"

科普档案 ●名称:骷髅海岸 ●地理特征:海市蜃楼现象形成的赭色沙丘不断流动,岩石奇形怪状

绵延在古老的纳米比亚沙漠和大西洋冷水域之间的海岸被葡萄牙海员称为"地狱海岸",现在叫作"骷髅海岸"。这条海岸倍受烈日煎熬,是世界上为数不多的最为干旱的沙漠之一,这里不仅干旱,而且惊悚。

非洲纳米比亚的纳米布沙漠和大西洋冷水域之间,有一片白色的沙漠,那里充满危险,有令人毛骨悚然的雾海和参差不齐的暗礁,时常令往来船只失事。1933年,一位瑞士飞行员诺尔从开普敦飞往伦敦时,飞机失事,坠落在这个海岸附近。有人指出诺尔的骸骨终有一天会在"骷髅海岸"找到,骷髅海岸从此得名。虽然诺尔的遗体一直没有发现,但给这个海岸留下了名字。

这条海岸备受烈日煎熬,显得那么荒凉,却又异常美丽。从空中俯瞰,骷髅海岸是一大片褶痕斑驳的金色沙丘,从大西洋向东北延伸到内陆的沙砾平原。沙丘之间闪闪发光的蜃景从沙漠岩石间升起。围绕着这些蜃景的是不断流动的沙丘,在风中发出隆隆的呼啸声,交织成一首奇特的交响乐。然而貌似美丽的环境下却暗藏凶险。

□骷髅海岸

500千米长的骷

□ 骷髅海岸布满了各种沉船残骸和船员遗骨

髅海岸沿线充满危险,有交错的水流、8 级大风、令人毛骨悚然的雾海和深海里参差不齐的暗礁。来往船只经常失事,传说有许多失事船只的幸存者跌跌撞撞爬上了岸,庆幸自己还活着,孰料竟慢慢被风沙折磨致死。因此,骷髅海岸布满了各种沉船残骸和船员遗骨。

1943 年在这个海岸沙滩上发现 12 具无头骷骨横卧在一起,附近还有一具儿童骷骨,不远处有一块风雨剥蚀的石板,上面有一段话:"我正向北走,前往 60 里外的一条河边。如有人看到这段话,照我说的方向走,神会帮助他。"这段话写于 1860 年,至今没有人知道遇难者是谁,也不知道他们是怎样遭劫而暴尸海岸的,为什么都掉了头颅。1859 年,瑞典生物学家安迪生来到这里,感到一阵恐惧向他袭来,使他不寒而栗。他大喊:"我宁愿死也不要流落在这样的地方。"

南风从远处的海吹上岸来,纳米比亚布须曼族猎人叫这种风为"苏乌帕瓦",这种风吹来时,沙丘表面向下塌陷,沙粒彼此剧烈摩擦,发出咆哮之声。对遭遇海难后在阳光下暴晒的海员,以及那些在迷茫的沙暴中迷路的冒险家来说,海风有如献给他们灵魂的挽歌。

□海岸沙丘

在海岸沙丘的远处，几亿年来风把岩石刻蚀得奇形怪状，有若妖怪幽灵，从荒凉的地面显现出来。而在南部，连绵不断的内陆山脉是河流的发源地，但这些河流往往还未进入大海就已经干涸了。这些干透了的河床就像沙漠中荒凉的车道，一直延伸至被沙丘吞噬为止。还有一些河，例如流过黏土峭壁峡谷的霍阿鲁西布干河，当内陆降下倾盆大雨的时候，巧克力色的雨水使这条河变成滔滔急流，才有机会流入大海。

在海边，大浪猛烈地拍打着缓斜的沙滩，把数以百万计的小石子冲上岸边，带来了新的姿彩。花岗岩、玄武岩、砂岩、玛瑙、光玉髓和石英的卵石被翻上滩头。

📚 **知识链接**

大西洋

　　大西洋是世界第二大洋。"大西洋"并非翻译名，是地道的国产西洋地名。中国自明代起，在表述地理位置时，常习惯以雷州半岛至加里曼丹作为界线，此线以东为东洋，此线以西为西洋。这就是我们常称日本人为东洋人，称欧洲人为西洋人的原因。明神宗时，利马窦来华拜见中国皇帝。他用中国方式说，他是"小西洋（当时中国指印度洋的说法）"以西的"大西洋"人。可见那时我们已称 Atlantic Ocean 为"大西洋"了，此名至今再没其他译法。

海底金字塔

科普档案　●名称:海底金字塔　●位置:百慕大三角区　●猜测:由于地震沉入海底;亚特兰蒂斯人建造

　　世界八大奇迹之一的埃及金字塔历经了千年岁月洗礼,岿然不动地俯视着前仆后继的参观者和探索者。人们在惊叹的时候,不会想到,同样恢宏雄伟的另一金字塔会出现在大洋深处?那又是怎样的一段神秘和传奇?

　　前几年,美、法等国一些科学家在大西洋中的百慕大三角区进行探测时,他们惊讶地发现:在波涛汹涌的海水中,竟耸立着一座无人知晓的海底金字塔!塔底边长300米,高200米,塔尖离海面仅100米。

　　塔上有两个巨洞,海水以惊人的高速从这两个巨洞中流过,从而卷起狂澜,形成巨大旋涡,使这一带水域的浪潮汹涌澎湃,海面雾气腾腾。

　　论规模,这个水下金字塔比大陆上的古埃及金字塔更为雄伟壮观。

　　它的发现使人推测这一带海难多系由它引起。同时,它又给史学家带来一个新的难题——由来已久的亚特兰蒂斯帝国是否存在的争论,又再度掀起。

　　人们迷惑不解:在波涛滚滚的海底,人们怎样生存、怎样建造"金字塔"呢?西方有些学者认为,这座海底"金字塔"可能原本建造在陆地上,后来发生强烈的地震,随着陆地沉入海洋,这样"金字塔"就落到海底了。有些学者猜测,这座海底"金字塔"可能是长期生活在海底的亚特兰蒂斯人建造的。

　　几百万年前,百慕大三角海域可能曾经是亚特兰蒂斯人活动的基地之一,海底"金字塔"可能是他们的一个供应库。美国探险家拍摄到一张满是旋涡状白光影像的照片,有些人怀疑"海底金字塔"可能是亚特兰蒂斯人专门保护具有"宇宙能"奇特性质和力量的能量场,它能吸引和聚集宇宙射

☐海底金字塔

线、磁性振荡或其他未知的能量波,其内部结构可能是一个微波谐振腔体,对放射性物质及其他某些能源有聚集作用。

海底"金字塔"真的具有这样神奇的作用吗?它真是远古时亚特兰蒂斯人建造的吗?这至今仍是无法解释的一个奇谜。

考古史上最大的发现之一于1995年夏季在日本附近海域完成。一座保存完好的古代城市遗迹,至少是若干密切相关的遗址,在海底延伸长达约500千米。

自1995年3月以来,潜水员在冲绳附近直至Yonaguni岛的海域发现了八处分散的遗址。第一处遗址是一个有趣的方形结构,并不很清晰且被珊瑚覆盖以至其人造部分无法确认。之后,一位潜水运动员在1996年夏天意外地在欧可纳哇南部海面以下约12米处发现了一个巨大的带棱角的平台,无可置疑地为人工产物。经过进一步搜寻,不同的潜水小组又发现了另一个纪念碑及更多人工建筑。他们看到了又长又宽的街道,高大宏伟的楼梯和拱门、切割完美的巨石,所有这些被以前所未见的直线型建筑和谐地统一在一起。

在随后的数月中,日本的考古学界参与了这一激动人心的发掘工作。训练有素的专业人士同首先发现这一遗址的业余爱好者们在互相尊重的基础上结成联盟,其间体现出的协作精神堪称典范。他们的共同努力很快有了丰硕成果。9月,在离酉那谷尼岛不远处即冲绳以南约480千米的水下30米左右,他们发现了一个庞大的金字塔形结构。这一庞然大物长240英尺,坐落于一个看似用于举行仪式的宽阔地带,两侧有巨大的塔门。

由于一般可见度为水下30米,这一遗迹的清晰度足以对其进行摄影和摄像记录。这些图像出现在日本报纸的头条新闻中超过一年之久。然而美国公众却没有得到关于这一发现的任何消息,直到2010年春季《远古美国人》杂志进行了报道。之后,也只有CNN电视网播出了关于日本这一水下城市的报道,其他美国考古学刊物,甚至各种日报对此也只字未提。人们可能会猜想这样一个令人吃惊的发现应该足以让考古学家兴奋不已。然而,除了《远古美国人》和CNN以外,死一样的沉默比地处海底这一事实更有效地掩盖了冲绳遗址的所有惊世发现。为什么?这样一个前所未有的重大发现怎么会被人们忽视如此之久?

据国外媒体报道,在世界的某些神秘海底或湖底隐藏着远古人类城市,这些远古建筑遗址蕴藏着大量的人类历史信息。许多水下古城湮没于水下是由于数千年前地震、海啸或者其他自然灾难导致的。许多水下古城只是近年来才被发现,这些远古遗址的发现是在先进的科学技术手段下实现的。这些神秘的水下古城仍保留着许多秘密,它们的发现引起对人类文明历史的许多置疑和思考,让科学家产生了浓厚兴趣。

📖 知识链接

克利须那神黄金城

科学家在印度海域水下发现9500年前的一处远古废墟。这处神秘的水下的古城具有完整的建筑结构,城内有许多人体残骸。更有意义的是,这项发现将印度坎贝湾地区所有考古发现的历史提前了5000年,历史学家能够更好地理解该地区的历史文化。据称,这座水下古城被命名为"德瓦尔卡"(Dwarka),或者叫作"黄金城",它曾被认为是印度克利须那神的水下城堡。

海底"幽灵潜艇"

科普档案　●名称:幽灵潜艇　●猜测:一、是一些体形非常巨大的鱼类;二、幽灵潜艇来自外太空等

　　海战时，出现了神秘的潜艇。它不属于敌我双方，来路不明；它不观战也不参战，却救起了许多落水的士兵，速度之快让现代科学都难以解释。很多国家兴师动众地要搜寻神秘的潜艇，却一无所获。人们给它们冠名"幽灵潜艇"。

　　最早发现不明潜水物是在 1902 年。报道说，英国货轮"伏特·苏尔瑞贝利号"在非洲西海岸的几内亚海湾航行时，船员发现了一个半沉半浮在水中的巨大怪物。在探照灯的照射下，船员清楚地看到那个怪物由稍带圆形的金属构成，中央部分宽约 30 米，长约 200 米，外形很像今天的航天飞机。它在灯光中不声不响地潜入水中而无影无踪。

　　1906 年 10 月 30 日下午 4 点半，"圣安德鲁"号在距离加拿大不远的海域遭到从空中飞过的一个形体巨大、闪着耀眼光芒、呈 Z 字形飞行的不明物体攻击。随后，那个物体沉入水中，消失在海底。根据桑德森的研究，那个不明物体显然不是一颗流星，因为流星不会呈 Z 字形飞行，也不能自如地控制飞行速度。《纽约时报》也报道了这起事件，它引用海军大副斯宾塞的话说："我曾在世界各地见过不少流星，但还从未见过如此巨大的。"可以这样说，层出不穷的神秘事件贯穿了桑德森的整个职业生涯。直到 1973 年去世，桑德森一直往来于世界各地之间，搜寻研究不明潜水物。

　　第二次世界大战期间，在南太平洋，日本联合舰队和美国的航空母舰"小鹰"号曾被一艘神秘的潜艇跟踪，当它被舰艇发现时，就无影无踪地消失了。在马里亚纳岛，当美日双方舰队激烈交战时，这艘神秘莫测的潜艇又出现了。它只观战，不参战，但却救起了交战双方许多落水的水兵，这些水兵被一股神秘的海浪送上了救生艇。这艘潜艇的速度和反应惊人地快，就

是在科学技术高度发达的今天，相信世界各国也造不出这样的潜艇。

当时，美国海军称这艘神秘的潜艇为"幽灵潜艇"，并称谁取得建造"幽灵潜艇"的技术，谁就会取胜未来的海战。为此，美国海军在第二次世界大战结束以

□幽灵潜艇

后，动用潜艇在南太平洋各水域全面搜寻。苏联也不甘落后，也派出核潜艇在太平洋、大西洋各海域搜寻。谁知，不仅未发现"幽灵潜艇"的踪影，而且血本无归。

20世纪60年代末，在南太平洋的广阔水域，它又神秘出现并多次跟踪潜艇，有时整体露出海面亮相。到舰队派直升机向它靠近时，它又消失得无影无踪。美国的"企业"号是当今世界上最大的核动力航空母舰，在太平洋海域发现"幽灵潜艇"，正准备反击时，"幽灵潜艇"突然在声呐的定位中消失了。到80年代末，"幽灵潜艇"又在斯堪的纳维亚水域不断出现，它甚至胆大包天地潜入挪威、瑞典等国的一些军港。

1963年，美国海军在波多黎各东南部的海面下发现一个不明物体以极高的速度在潜行，就派出一艘驱逐舰和一艘潜水艇前去追寻。他们追踪了四天，还是让那东西逃脱了。这个水下不明物体，不仅行速快，而且有奇异的潜水功能，可以下潜至8000米以下的深海，令声呐都无法搜索。人们只看到它有个带螺旋桨的尾巴，以280千米/小时的高速在深达9千米的海底航行，却无法窥清其真实面目。美国军舰和潜艇尽力追赶它，却无法赶上。这艘幽灵潜艇的性能令人咋舌，因为即使目前人类最先进的潜水器也只能下潜到水下6千米左右，在水中的时速不会超过95千米。

消息披露后，有人估计是苏联的潜艇。然而，美国方面称，以现代的加工制造技术，哪个国家都无法制造这种又可高速行驶又可下潜深海的物体。

在北约海军举行的一次军事演习中,"幽灵潜艇"再次露面。北约集团和挪威、瑞典本国的 10 多艘军舰企图抓获"幽灵潜艇",用炮弹和深水炸弹雨点般攻击目标,谁知它却毫无声息地消失了。最令人不解的是"幽灵潜艇"浮出水面时,所有军舰上的无线电通信系统、雷达、声呐等全部失灵,直到"幽灵潜艇"离去才恢复正常。最先进的反潜"杀手"鱼雷可以自动追踪目标,但出乎意料的是,"杀手"鱼雷不仅没有爆炸,反而消失得踪影全无。

🔖**知识链接**

潜　艇

潜艇是一种既能在水面航行又能潜入水中某一深度进行机动作战的舰艇,也称潜水艇,是海军的主要舰种之一。潜艇能利用水层掩护进行隐蔽活动并对敌方实施突然袭击,有较大的自给力、续航力和作战半径,可远离基地,在较长时间和较大海洋区域以至深入敌方海区独立作战,有较强的突击威力;能在水下发射导弹、鱼雷和布设水雷,攻击海上和陆上目标。

诡异的日本龙三角

科普档案 ●**名称**：日本龙三角 ●**猜测**：海洋怪兽兴风作浪；磁偏角现象使船只迷航或沉没；飓风说等

千百年来，在人们的内心深处，潜藏着对浩瀚海洋的敬畏。尽管人类进入文明社会后有无数的船只自由航行在大洋之上，但是有个水域足以让航海者闻风丧胆。

同样是海域，同样和百慕大一样恐怖诡异的海域，在这片海域船只神秘失踪，潜艇一去不回，飞机凭空消失，它被称为"最接近死亡的魔鬼海域"和"幽深的蓝色墓穴"，这片三角海域就是日本龙三角。

自20世纪40年代以来，无数巨轮在日本以南空旷清冷的海面上神秘失踪，它们中的大多数在失踪前没有能发出求救讯号，也没有任何线索可以解答它们失踪后的相关命运。如在地图上标出这片海域的范围，它恰恰是一个与百慕大极为相似的三角区域，这就是令人恐惧的日本龙三角。

相当于泰坦尼克号两倍的巨轮"德拜夏尔"号1980年9月8日装载着15万吨铁矿石，来到了距离日本冲绳海岸200海里的地方。这艘巨轮的设计堪称完美，已在海上航行了4年，正是机械状况最为理想的时期。因此，船上的任何人都会感到非常安全。

这时，船遇上了飓风。但船长对此并不担心，在他眼里像"德拜夏尔"号这样巨大并且设计精良的货轮，对付这种天气应该毫无问题。他通过广播告诉人们：他们将晚些时候到达港口，最多不过几天而已。

可是，岸上的人们在接到了船长发出的最后一条消息（我们正在与每小时100千米的狂风和9米高的巨浪搏斗）后，"德拜夏尔"号及全体船员便失踪了，消失得无影无踪。

1980年9月9日巨轮"德拜夏尔"号在此失踪后，仅仅过了几年，它的

□日本龙三角

两艘姐妹船只同样在此遇难。

这是几场巨大的灾难，但它并不是孤立的、唯一的。

在第二次世界大战中，交战双方的潜水艇同样在这里遭遇了厄运。据美军统计：凡在此执行任务或路经此处的美军潜艇中，有1/5因非战斗因素失踪，总数达52艘之多。

第二次世界大战后期，为了夺取海上优势，美国海军第38航母特遣队对日本的神风突击队发起了三天三夜的狂轰滥炸。正当舰队重新补充燃料，准备再战的时候，不得不在这片海域与恶劣的自然环境展开一场生存之战。

在强大的飓风和18米高恶浪的袭击下，16艘舰船遭到严重破坏、200多架飞机从航母上被掀到了海里、765名美军水兵遇难。这是美国海军在20世纪所遭遇最严重的自然灾难。

与这片海域有关的灾难远不止这些。

1957年3月22日凌晨4点48分，一架美国货机从威克岛升空，准备前往东京国际机场，机组成员是67名军人。飞行时间预定为9.5小时，飞机上准备的燃料足够13.5小时的航程。在开头的8个小时，飞机飞行状况一切正常。下午2点，驾驶员发出信号，预计到达时间为下午5点，飞机所有的设备都处于正常状态。此时飞机所处区域天气晴朗，对于飞机飞行而言，条件几近完美。1小时15分钟以后，驾驶员在距东京300千米的地方发出讯号，空中交通控制中心回复说希望她能够在2小时以内到达。然而，这架美国飞机却永远没能降落到东京机场。

搜救队在方圆数千千米的海面上来回搜索，最终无功而返。这架为战争而造、飞行条件几近完美的飞机究竟发生了什么事情，直到今天依然无人知晓。

2002年1月，一艘中国货船"林杰"号及船上19名船员在日本长崎港外的海面上突然消失了。没有求救呼叫，没找着残骸，货船就仿佛在人间蒸发了，人们无法知道他们遭遇了什么。

连续不断的神秘失踪事件引发了人们的好奇，科学工作者们开始以不同的方式试图去揭开魔鬼海域之谜。

由于日本龙三角海域众多神奇海难事故频发，它便得了一个"太平洋中的百慕大三角"的恶名。对此，日本海防机构每年平均要发布发生在日本周围海域约2500件海事事故报告。鉴于在这里搜寻一艘失踪的船要比从干草堆中找出一根针还要困难得多的实际情况，大部分的官方报告只能将事故原因归于"自然的力量"，而就此终止调查。然而，众多遇难船员的家人决不希望他们的亲人就这样无声无息地走进黑暗，他们需要更加详尽、更加合理的解释。

1952年9月23日，多名科学家搭乘一艘日本海防研究舰前往龙三角区域研究那里的暗礁，目的是监控海底的异常活动以从这一角度来解开上述沉船之谜。船在离港后一直保持着很高的航行速度，按理说用这种速度只需一天时间就能

□日本龙三角海域频发众多神奇海难事故

到达研究海域。然而在接下来的 3 天中该船信号全无，于是水上安全厅对外宣布了这艘海防研究舰失踪的消息。当搜救船只赶到这片海域时，只找到了一些残骸和碎片，但是没有一块碎片上刻着船只的名称，也没有一个生还者能够讲述他们的遭遇……

随后，纽约时报上刊登了这艘科考船神秘失踪的报道，第一次将全世界的注意力引向了这片魔鬼海域，更多的探索研究开始了。

📖 知识链接

日本龙三角深海区

在日本龙三角西部的深海区，岩浆具有随时冲破薄弱地壳的威胁。当大洋板块发生地震的时候，超声波达到海面表层，形成海啸。海啸引发的巨浪时速可以达到 800 千米以上，这是任何坚固的船只都经受不起的。此外，毁灭性的巨大海啸生成的海浪在广阔的洋面上只有 1 米或者比这还低的高度，船只不易觉察，但大约在 20 分钟至 1 个小时后，灾难就开始降临。如果海啸发生时又正好赶上飓风，那么遇难船只连呼救的时间都没有。当年"德拜夏尔"号就是经历了飓风加海啸，不幸遇难。

魔海威德尔

科普档案 ●名称:威德尔海　●位置:南极半岛与科茨地之间　●气候:极地气候　●特点:海域常被厚冰覆盖

　　南极有个魔海——威德尔海,它的凶险让很多探险家畏惧不已,冰山和流冰相撞,惊天动地。流冰缝隙随时都可能夹住探险船只,永远不得离开。虎视眈眈、随时吞噬冰面活物的鲸鱼,亦真亦幻的海市蜃楼,这就是威德尔海的特有景观。

　　威德尔海是南极的边缘海,南大西洋的一部分,它位于南极半岛与科茨地之间,最南端达南纬83°,北达南纬70°至77°,宽度在550千米以上。它因1823年英国探险家威德尔首先到达于此而得名。

　　魔海威德尔海的魔力首先在于它流冰的巨大威力。南极的夏天,在威德尔海北部,经常有大片大片的流冰群,这些流冰群像一座白色的城墙,首尾相接,连成一片,有时中间还漂浮着几座冰山。有的冰山高一两百米,方圆二百平方千米,就像一个大冰原。这些流冰和冰山相互撞击、挤压,发出一阵阵惊天动地的隆隆响声,使人胆战心惊。船只在流冰群的缝隙中航行

□魔海威德尔

□威德尔海的冰山

异常危险，说不定什么时候就会被流冰挤撞损坏或者驶入"死胡同"，使航船永远留在这南极的冰海之中。1914年英国的探险船"英迪兰斯"号就被威德尔海的流冰所吞噬。

在威德尔的冰海中航行，风向对船只的安全至关重要。刮南风时，流冰群向北散开，这时流冰群之中就会出现一道道缝隙，船只就可以在缝隙中航行。一刮北风，流冰就会挤到一起把船只包围，这时船只即使不会被流冰撞沉，也无法离开这茫茫的冰海，至少要在威德尔海的大冰原中待上一年，直至第二年夏季到来时，才有可能冲出威德尔海而脱险。但是这种可能性是极小的，由于一年中食物和燃料有限，特别是威德尔海冬季暴风雪肆虐，绝大部分陷入困境的船只难以离开威德尔这个魔海，它们将永远"长眠"在南极的冰海之中。所以，在威德尔及南极其他海域，一直流传着"南风行船乐悠悠，一变北风逃外洋"的说法。直到今天，各国探险家们还信守着这一信条，足见威德尔海的神威魔力。

在威德尔海，不仅流冰和狂风对人施加淫威，而且鲸群对探险家们也是一大威胁。夏季，在威德尔海碧蓝的海水中，鲸鱼成群结队，它们时常在流冰的缝隙中喷水嬉戏，别看它们悠闲自得，其实凶猛异常。特别是逆戟鲸，是一种能吞食冰面任何动物的可怕鲸鱼，有名的海上"屠夫"。当它发现冰面上有人或海豹等动物时，会突然从海中冲破冰面，伸出头来一口吞食掉。它用那细长的尖嘴贪婪地吞噬海豹和企鹅。其凶猛程度，令人毛骨悚然。正是逆戟鲸的存在，使得被困威德尔海的人难以生还。

绚丽多姿的极光和变化莫测的海市蜃楼是威德尔海的又一魔力。船只在威德尔海中航行，就好像在梦幻的世界里飘游，它那瞬息万变的自然奇观，既使人感到神秘莫测，又令人魂惊胆丧。有时船只正在流冰缝隙中航行，突然流冰群周围出现陡峭的冰壁，好像船只被冰壁所围，挡住了去路，似乎陷入了绝境，使人惊慌失措。霎时，这冰壁又消失得无影无踪，使船只转危为安。有的船只明明在水中航行，突然间好像开到冰山顶上，顿时，把船员们吓得一个个魂飞魄散。当晚霞映红海面的时候，眼前出现了金色的冰山，倒映在海面上，好像向船只砸来，给人带来一场虚惊。在威德尔海航行，大自然不时向人们显示它的魔力，戏弄着人们，使人始终处在惊恐不安之中。经查实，这是大自然演出的一场闹剧。正是这一场场闹剧，不知将多少船只引入歧途，有的竟为躲避虚幻的冰山而与真正的冰山相撞，有的受虚景迷惑而陷入流冰包围的绝境之中。

　　威德尔海是一个冰冷的海，可怕的海，神奇莫测的海，也是世界上又一个神奇的魔海。

📖 知识链接

威德尔海

　　威德尔海（Weddell Sea）是大西洋最南端的属海，深入南极大陆海岸，形成凹入的大海湾。中心点地理坐标大致为南纬73°，西经45°。南临南极半岛，东为科茨地，最南是广阔的菲尔希纳（Filchner）和龙尼（Ronne）冰棚前方的冰障。海域经常被厚冰覆盖，在初夏时节，中西部的海冰向北漂流，几达南纬60°。

矿藏丰富的红海

科普档案 ●名称:红海 ●气候:热带沙漠气候 ●面积:45万平方 ●资源:铁、锌、铜、铅

海水并不是红色的海却取名为红海，可能是季节性出现的红色藻类、附近的红色山脉、一个名称为红色的本地种族和被称为红底的沙漠给予的取名启示和来源，红海被人们关注，不只是称谓，还有丰富的金属矿藏。

红海是个奇特的海。它不仅在缓慢地扩张着，而且有几处水温特别高，达 50 多摄氏度，红海海底还蕴藏着特别丰富的高品位金属矿床，这些现象长期以来没有得到科学的解释，被称为红海之谜。

红海之谜在 20 世纪 60 年代才有了端倪。海洋地质学家解释说，红海海底有一系列"热洞"。对全世界海洋洋底进行详细测量之后，科学家发现大洋底像陆上一样有高山深谷，起伏不平。从大洋洋底地形图上，我们可以看到有一条长 75000 多千米，宽 960 千米以上的巨大山系纵贯全球大洋，科学家把这条海底山系称作"大洋中脊"。狭长的红海正被大洋中脊穿过。沿着大洋中脊的顶部，还分布着一条纵向的断裂带，裂谷宽约 13~48 千米，窄的也有 900~1200 米。科学家通过水文测量还发现，裂谷中部附近的海水温度特别高，好像底下有座锅炉在不断地烧，人们形象地称它为"热洞"。科学家认为，正是热洞中不断涌出的地幔物质加热了海水，生成了矿藏，推挤着洋底不断向两边扩张。

1974 年，法美开始联合执行大洋中部水下研究计划。计划的第一个目标就是到类似红海海底的亚速尔群岛西南的 124 千米的大西洋中脊裂谷带去考察。

经过考察，科学家把海底扩张形象地比作两端拉长的一块软糖，那个被越拉越薄的地方成了中间低洼区，最后破裂，而岩浆就从这里喷出，并把

海底向两边推开,海底就这样慢慢地扩张着。根据美国"双子星"号宇宙飞船测量,我们已经知道了红海的扩张速度是每年2厘米。

海洋科学家们的海底考察不仅解决了红海扩张之谜,而且在海底裂谷附近意外地发现了一幅使人眼花缭乱的生物群落图:热泉喷口周围长满红嘴虫,盲目的短颈蟹在附近爬动,海底栖息着大得异乎寻常的褐色蛤和贻贝,海葵像花一样开放,奇异的蒲公英似的管孔虫用丝把自己系留在喷泉附近。最引人注目的是那些丛立的白塑料似的管子,管子有2~3米长,从中伸出血红色的蠕虫。

科学家们对与众不同的蠕虫做了研究。这些蠕虫没有眼睛,没有肠子,也没有肛门。解剖发现,这些蠕虫是有性繁殖,很可能是将卵和精子散在水中授精的。它们依靠30多万条触须来吸收水中的氧气和微小的食物颗粒。

科学家们对喷泉口的生物氧化作用和生长速度特别感兴趣。放化试验表明,喷口附近的蛤每年长大4厘米,生长速度比能活百年的深海小蛤快500倍。这些蠕虫和蛤肉的颜色红得使人吃惊,它们的红颜色是由血红蛋白造成的,它们的血红蛋白对氧有高得非凡的亲和力,这可能是对深海缺氧条件的一种适应性。

生物学家们认为,造成深海绿洲这一奇迹的是海底裂谷的热泉。1947年,瑞典的"信天翁"号调查船曾来红海考察,发现了海底裂谷处的几个热源。后来,美国的"阿特兰蒂斯Ⅱ"号和英国"发现者"号,也相继到这里调查,证实了这些热源的存在,并测得了这里的水温高达56℃,盐度高达7.4%~31.0%。而在正常情况下,热带海面的水温,一般最高只有30℃,深层水一般只有4℃,海水的

□红海

盐度,一般在 3.5% 左右。红海底裂谷处,水温高出十几倍,盐度高出 2~9 倍,实在令人吃惊。

热泉使得附近的水温提高到 12℃~17℃,在海底高压和温热下喷泉中的硫酸盐便会变成硫化氢,这种恶臭的化合物成为某些细菌新陈代谢的能源,细菌在喷泉口迅速繁殖,多达 1 立方厘米 100 万个。大量繁殖的细菌又成了较大生物如蠕虫甚至蛤得以维持生命的营养,喷泉口的悬浮食物要比食饵丰饶的水表还多 4 倍。这样,来自地球内部的能量维持了一个特殊的生物链,科学家称这一程序为"化学合成"。

科学家们在加拉帕戈斯水下裂谷附近 2500 米深处的海底一共发现了 5 个这样的绿洲。全世界海洋中的裂谷长达 75000 多千米,其中有许多热泉喷出口,那么总共会有多少绿洲呢?还会有更多的生物群落出现吗?这些问题不仅关系到人类对海洋的开发,还涉及生命起源这一基础理论课题的研究。

初步考察的成功激起了人们更强烈的好奇心,大洋深处或许有更大的秘密在等待着我们去发现呢。

📖 知识链接

红海的形成

科学家们进一步研究认为,在距今约 4000 万年前,地球上根本没有红海。后来在今天非洲和阿拉伯两个大陆隆起部分轴部的岩石基底,发生了地壳张裂,一部分海水乘机进入,使裂缝处成为一个封闭的浅海。在大陆裂谷形成的同时,海底发生扩张,熔岩上涌到地表,不断产生新的海洋地壳,古老的大陆岩石基底则被逐渐推向两侧。后来,由于强烈的蒸发作用,这里的海水又慢慢地干涸了,巨厚的蒸发岩被沉积下来,形成了现在红海的主海槽。

传说中的海洋巨蟒

科普档案 ●**名称:**海洋巨蟒 ●**特征:**身躯庞大,力大无穷 ●**传说来源:**阿尔弗雷德大帝的羊皮纸簿

传说中的海洋巨蟒至少有 30 米长,平时伏于海底。偶尔会浮上水面,有的水手会将它的庞大躯体误认为是一座小岛。这种海怪威力巨大,据说可以将一艘三桅战船拉入海底,因而说起这种海怪,人们往往会不寒而栗。

传说公元 9 世纪,阿尔弗雷德大帝,一位多次阻遏丹麦大军入侵英伦且智慧而博学的英格兰国王在他的羊皮纸簿中写道:"在深不可测的海底,北海巨妖正在沉睡,它已经沉睡了数个世纪,并将继续安枕在巨大的海虫身上,直到有一天,海虫的火焰将海底温暖,人和天使都将目睹,它带着怒吼从海底升起,海面上的一切都将毁于一旦。"这里描述的海妖其实就是海洋里的巨蟒。传说会是真的吗?海洋里真的有巨蟒吗?

北海巨妖即北欧传说中的巨大海怪,或称海洋巨蟒,通常至少有 30 米长,平时伏于海底,偶尔会浮上水面,有的水手会将它的庞大躯体误认为是一座小岛。这种海怪威力巨大,据说可以将一艘三桅战船拉入海底,因而说起这种海怪,人们往往会不寒而栗。那么,这种言之凿凿的传闻是真的吗?

1817 年 8 月,曾在美国马萨诸塞州格洛斯特港海面上亲眼见过海洋怪兽的索罗门·阿连船长记述道:"当时,像海洋巨蟒似的家伙在离港口约 130 米左右的地方游动。这个怪兽长约 40 米,身体粗得像半个啤酒桶,整个身子呈暗褐色,头部像响尾蛇,大小如同马头。它在海面上一会儿直游,一会儿绕圈游。它消失时,会笔直地钻入海底,过一会儿又从 180 米左右的海面上重新出现。"

这艘船上的木匠马修和他的弟弟达尼埃尔及另一个伙伴,同乘一条小艇在海面上垂钓时,也遇到了巨蟒。马修之后回忆说:"我在怪兽距离小艇

□ 传说中的海洋巨蟒

约20米左右时开了枪。我的枪很好，射击技术也不错，我瞄准了怪兽的头开枪，肯定是命中了。谁知，怪兽就在我开枪的同时，朝我们游来，没等靠近，就潜下水去，从小艇下钻过，在30多米远的地方重又浮出水面。要知道，这只怪兽不像平常的鱼类那样往下游，而像一块岩石似的笔直地往下沉。我是城里最好的枪手，我清楚地知道自己射中了目标，可是海洋巨蟒似乎根本就没受伤。当时，我们吓坏了，赶紧划小艇返回到船上。"

类似的经历发生在1851年1月13日清晨，美国捕鲸船"莫侬加海拉号"正航行在南太平洋马克萨斯群岛附近海面。突然，站在桅杆瞭望的一名海员惊呼起来："那是什么？从来没见过这种怪物！"船长希巴里闻讯奔上甲板，举起单筒望远镜向远处看去："唔，那是海洋怪兽，快抓住它！"随即，从船上放下三条小艇，船长带着多名船员手执锋利的长矛、鱼叉，划着小艇向怪兽驶去。

真是个庞然大物，只见这只怪兽身长足有30多米，颈部也有几米粗，最不可思议的是身体最粗的部分竟达10米左右。该兽头部呈扁平状，有清晰的皱褶，背部为黑色，腹部则为暗褐色，中间有一条不宽的白色花纹。这怪兽犹如一条大船，在海中游弋，目睹此景，船员们一时都惊呆了。

"快刺！"当小艇快靠近怪兽时，船长声嘶力竭地喊道。十几只鱼叉、长矛立即向怪兽刺去，顿时，血水四溅，突然受伤的怪兽在大海里挣扎、翻滚，激起阵阵巨浪。船员们冒着生命危险，与怪兽殊死搏斗，最后怪兽终因寡不敌众，力竭身亡。船长将怪兽的头切下来，撒下盐榨油，竟榨出10桶像水一样清澈透明的油。遗憾的是，"莫侬加海拉号"在返航途中遭遇海难，仅有少数几名船员获救，他们向人们讲述了这个奇特的海洋怪兽的故事。

1848年8月6日，英国战舰"迪达尔斯号"从印度返回英国，当战舰途经非洲南端的好望角向西行驶约500千米时，瞭望台上的实习水兵萨特里斯突然大叫了起来："一只海洋怪兽正朝我们靠拢！"船长和水兵们急忙奔到甲板上，只见在距战舰约200米处，那只怪兽昂起头正朝着西南方向游去，这只怪兽仅露出水面的身体便长约20多米。船长拿着望远镜紧紧盯着这只渐渐远去的怪兽，将目睹的一切详细记载在当天的航海日志上。回到英国，船长向海军司令部报告了此事，并留下了亲手绘制的海洋怪兽图。

类似的目击事件后来又多次发生，不仅在太平洋、大西洋、印度洋，甚至在濒临北极的海域，也有许多人看到过这种传说中的海洋巨蟒。1875年，一艘英国货船在距南极不远的洋面发现海洋巨蟒，当时它正在与一条巨鲸搏斗。1877年，一艘豪华游轮在格拉斯哥外海发现巨蟒，在距游轮200多米的前方水域，巨蟒在回旋游弋。1910年，在临近南极海域，一艘英国拖网渔轮与巨蟒狭路相逢，这条巨蟒曾昂起头袭击渔轮。1936年，在哥斯达黎加海域航行的定期班轮上，8名旅客和2名水手曾目击海洋巨蟒。1948年，一艘游船在南太平洋航行，4

□北海巨妖抑或海洋巨蟒是一个未解之谜

名游客看见身长 30 多米、背上有好几个瘤状物的海洋怪兽。

据说在 20 世纪初，对海洋学极有兴趣的摩纳哥大公阿尔伯特一世为了捕获传说得沸沸扬扬的海洋巨蟒，还建造了一艘特别的探险船，装备了能吊起数吨重物的巨大吊钩和长达数千米的钢缆，同时船上还特别准备了 12 头活猪作为诱饵。可惜该船远赴大洋几经搜索，终因未遇海洋巨蟒悻悻而归。迄今，北海巨妖抑或海洋巨蟒究竟是何等动物，它们是冰河孑遗还是海洋中的未知物种，仍是一个未解之谜。

📚 知识链接

远古巨蛇

一个国际研究小组根据哥伦比亚北部出土的蛇类骨架化石推测，5500 万年前生活在南美洲热带地区的一种巨蛇可能是已知蛇类中最长的物种。这种远古巨蛇身至少长 13 米，体重能达到 1.135 吨。目前世界上最重的蛇类——绿水蚺的体重也不过 250 千克。研究人员指出，蛇是冷血动物，其体形大小受外界温度影响很大，远古巨蛇体形如此之大，说明南美洲赤道地区在 5500 万年前可能比现在更热。研究人员推测，6000 万年前，南美洲赤道地区的年平均气温可能达到约 32.8 摄氏度。

火山口的足迹

科普档案 ●**名称:** 阿卡华林卡脚印 ●**猜测:** 一、古人在逃离火山喷发现场时留下的;二、行走时留下的

尼加拉瓜西部马拿瓜湖以南有一个叫作阿卡华林卡的地方,它从一个被人遗忘的穷乡僻壤变为当今尼加拉瓜的旅游胜地完全得益于这里发现的一处古人类遗址。

厄尔·普利特在石头上发现了古人类的足迹,他将重大发现公布于世后没有激起多大反响,也没有引起学术界的注意。直到第二次世界大战其间,华盛顿卡内基博物馆的考古学家和人类学家才给普利特的发现以高度的重视,博物馆派出不少专家、考古工作者去那里进行发掘工作。

从此,慕名而来的游客、参观者络绎不绝,阿卡华林卡变得热闹非凡。后来尼加拉瓜政府把它辟为全国重点文物保护单位,凡前往参观者均须事先征得文化部同意,方可一睹为快。

这处被尼加拉瓜人习惯称为阿卡华林卡脚印的古人类足迹,经考古学家们鉴定已有6000多年历史。原先脚印并不裸露地面,而是深深埋在地面以下几米的泥土里。经过数千年的大自然变迁和气候变化,尤其是雨水不断侵蚀、冲洗,脚印终于露出地面,沐浴在阳光下。

整个古人类足迹遗址由两个石坑组成,一个为正方形,另一个呈长方形,坑深约2~3米,坑底平整,石头地面,就在这平坦整齐的石头地面上印着一排排大大小小的、深浅不一的脚印。然而不管脚印大小、深浅,均清晰可辨,有的甚至连每个脚趾都可看得清清楚楚,仿佛雨后人们刚刚在湿润土地上走过留下的。在这些人们的脚印中间时而还夹杂着一些动物的足迹。

不可理解的是,这些明晰可鉴的脚印是如何留在坚硬的石头上的呢?为什么阿卡华林卡一带都是石头路面呢?经过考古学家科学分析和鉴定得

□马萨亚火山

出这样的结论:这里的石头原来都是由附近火山喷发出来的岩浆冷却、凝固、硬化而成的,而那些脚印是岩浆尚未硬化成石头前留下来的。那么人们又不禁要问,人和动物又怎么能在滚烫的岩浆上行走呢?

考古工作者和科学家们在对阿卡华林卡及其周围地形进行了详尽周密的考察并分析研究后发现,这里正地处尼加拉瓜火山最集中的地区,南面由火山爆发而形成的火山湖泊就有3个。世界著名的、也是美洲大陆唯一终年保持熔岩液态的火山——马萨亚火山就在阿卡华林卡东北面,那是一片火山洼地,面积54平方千米。马萨亚火山海拔615米,顶峰的圣地亚哥火山口常年沸腾,金色熔岩噼啪作响地翻滚,最高温度达1015℃。马萨亚火山旁边还有一座活火山。因此,几千年来这里的火山喷发几乎一直在进行着。科学家们推断,很可能在哪次火山突然喷发的时候,人们正在睡梦中,或在田野里劳动,没有丝毫防备,也来不及逃避,只得等到火山喷发间歇时找个场所躲避一下,这些脚印正是被惊吓的人们在逃离火山喷发现场时留在硬化过程中的熔岩上的。熔岩的凝结和硬化过程非常快,从滚烫的岩浆化为冷却的岩石仅几小时的工夫。不过人们又看到,火山喷出岩浆后还有大量火山灰从火山口喷射出来,火山灰犹如厚厚一层石棉盖在熔岩上,起了隔热的作用,人在火山灰上行走时,正在硬化的熔岩上便留下清晰的脚印。美国的科学家和考古工作者为了证实这个推断,在1915年加利福尼亚拉森火山爆发的现场做了上述的试验,结果正是如此。此外,从阿卡华林卡周围的地理位置看,当时要逃的话,只能朝北面的马那瓜湖方向,而那些古人类脚印正是朝着波光粼粼的马那瓜湖湖边延伸过去的。

然而,另外一部分专家、学者不同意上述看法,他们提出,当一个人遇到危险,处在岌岌可危境地时,头脑里第一个闪念就是想方设法脱离虎口,因此这时他一定是竭尽全力拼命奔跑。但现在人们看的足迹是,脚印间距离很短,这是人在慢慢悠悠地行走时留下的足印,而不是遇险奔跑时留下的,何况有的脚印还踩得很深,似乎连脚跟到脚踝都深深陷进了泥土里,这只有在负荷情况下才会这样,难道这些人在逃离时还身驮着许多东西不成?这实在是不符合常理,也很难使人理解和相信。

阿卡华林卡脚印至今被一层神秘的迷雾笼罩着,人们带着疑团前来参观,但直到离开时仍对这些稀奇的脚印充满了疑惑和无尽的假想,也许有那么一天,拨开迷雾见真相,也许将永远成为一个不能解开的谜。

📖 **知识链接**

火山口

火山口是指火山喷出物在它们的喷出口周围堆积,在地面上形成的环形坑,上大下小,常呈漏斗状或碗状,一般位于火山锥顶端(无锥火山口则位于地面,称负火山口)。火山口的深浅不等,一般不过二三百米。直径一般约在一千米以内,底部直径短,常仅略大于下面的火山管。

海洋工程

科普档案 ●**名称**：海洋工程 ●**内容**：海上潮汐电站等能源开发利用，海水养殖场，盐田、海水淡化等

海洋工程是指以开发、利用、保护、恢复海洋资源为目的，且工程主体位于海岸线向海一侧的新建、改建、扩建工程，包括围填海、海上堤坝工程、人工岛、海底隧道、海洋矿产资源勘探开发及其附属工程等。

海洋工程是应用海洋基础科学和有关技术学科开发利用海洋所形成的一门新兴的综合技术科学，也指开发利用海洋的各种建筑物或其他工程设施和技术措施。

海洋开发利用的内容主要包括：海洋资源开发（生物资源、矿产资源、海水资源等），海洋空间利用（沿海滩涂利用、海洋运输、海上机场、海上工

□海洋空间利用

厂、海底隧道、海底军事基地等），海洋能利用（潮汐发电、波浪发电、温差发电等），海岸防护等。"海洋工程"这一术语是20世纪60年代开始提出的，其内容也是近二三十年来随着海洋石油、天然气等矿产的开采逐步发展充实起来的。按海洋

□海洋工程

开发利用的海域，海洋工程可分为海岸工程、近海工程和深海工程，但三者又有所重叠。

海洋工程始于为海岸带开发服务的海岸工程。地中海沿岸国家在公元前1000年已开始航海和筑港；中国早在公元前306年~前200年就在沿海一带建设港口，东汉时开始在东南沿海兴建海岸防护工程；荷兰在中世纪初期也开始建造海堤，并进而围垦海涂，与海争地。长期以来，随着航海事业的发展和生产建设需要的增长，海岸工程得到了很大的发展，其内容主要包括海岸防护工程、围海工程、海港工程、河口治理工程、海上疏浚工程、沿海渔业工程、环境保护工程等。"海岸工程"这个术语到20世纪50年代才首次出现，随着海洋工程水文学、海岸动力学和海岸动力地貌学以及其他有关学科的形成和发展，海岸工程学也逐步形成一门系统的技术学科。

从20世纪后半期开始，世界人口和经济迅速膨胀，对蛋白质、能源的需求量也急剧增加，随着石油与天然气大陆架海域的开采、海洋资源开发和空间利用规模不断扩大，与之相适应的近海工程成为近30年来发展最迅速的工程之一，其主要标志是出现了钻探与开采石油（气）的海上平台，作业范围已由水深10米以内的近岸水域扩展到了水深300米的大陆架水域。海底采矿由近岸浅海向较深的海域发展，现已能在水深1000多米的海

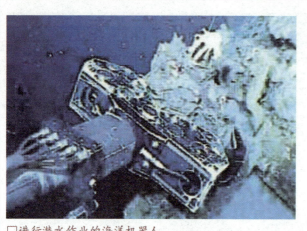
□进行潜水作业的海洋机器人

域钻井采油,在水深6000多米的大洋进行钻探,在水深4000米的洋底采集锰结核。海洋潜水技术发展也很快,已能进行饱和潜水,载入潜水器下潜深度可达10000米以上,还出现了进行潜水作业的海洋机器人。这样,大陆架水域的近海工程(或称离岸工程)和深海水域的深海工程均已远远超出海岸工程的范围,所应用的基础科学和工程技术也超出了传统海岸工程学的范畴,从而形成了新型的海洋工程。

海洋工程的结构形式很多,常用的有重力式建筑物、透空式建筑物和浮式结构物。重力式建筑物适用于海岸带及近岸浅海水域,如海堤、护岸、码头、防波堤、人工岛等,以土、石、混凝土等材料筑成斜坡式、直墙式或混成式的结构。透空式建筑物适用于软土地基的浅海,也可用于较深的水域,如高桩码头、岛式码头、浅海海上平台等。其中海上平台以钢材、钢筋混凝土等建成,可以是固定式的,也可以是活动式的。浮式结构物主要适用于较深的大陆架海域,如钻井船、浮船式平台、半潜式平台等,可以用作石油和天然气勘探开采平台、浮式贮油库和炼油厂、浮式电站、浮式飞机场、浮式海水淡化装置等。除上述3种类型外,近10多年来还在发展无人深潜水器,用于遥控海底采矿的生产系统。

海洋环境复杂多变,海洋工程常要承受台风(飓风)、波浪、潮汐、海流、冰凌等的强烈作用,在浅海水域还要受复杂地形、岸滩演变、泥沙运移的影响。温度、地震、辐射、电磁、腐蚀、生物附着等海洋环境因素,也对某些海洋工程有影响。因此,进行建筑物和结构物的外力分析时应考虑各种动力因素的随机特性,在结构计算中考虑动态问题,在基础设计中考虑周期性的荷载作用和土壤的不定性,在材料选择上考虑经济耐用等,都是十分必要的。海洋工程耗资巨大,事故后果严重,对其安全程度进行严格论证和检验是必不可少的。

　　海洋资源开发和空间利用的发展,以及工程设施的大量兴建给海洋环境带来的种种影响,如岸滩演变、水域污染、生态平衡恶化等,都必须给予足够的重视。除进行预报分析研究,加强现场监测外,还要采取各种预防和改善措施。

📖 **知识链接**

海岸工程

　　在海岸带进行的各项建设工程是海洋工程的重要组成部分,主要包括围海工程、海港工程、河口治理工程、海上疏浚工程和海岸防护工程、沿海潮汐发电工程、海上农牧场、环境保护工程、渔业工程等。由于水下地形复杂,受径流入海的影响,海流、海浪和潮汐都有显著的变形,形成了破波、涌潮、沿岸流和沿岸漂沙,特别是发生风暴潮的时候,海况更是万分险恶,海岸工程会受到严重的冲击,甚至造成破坏。在寒冷的地区,还会受到冰冻和流冰的影响。

海底实验室

科普档案 ●**名称:**"宝瓶座"海底实验室 ●**功用:**科学家在此研究海洋生物和水质等生态环境的变化

　　海底实验室是应用饱和潜水原理在水下设置的供科学家和潜水员工作、休息、居住的活动基地，其结构大多是钢质的圆筒、圆球或椭圆球，也有用尼龙橡胶等材料制成的充气结构，大多固定在海底上，少数漂浮于一定深度或可移动。

　　水下实验室的设想是 20 世纪 20 年代提出的,美国的"海中人-1"号和法国的"大陆架-1"号水下实验室率先在地中海试验。到 1977 年 1 月,苏联的"底栖生物-300"号水下实验室,作业深度已达 300 米,自持力 14 天,可容纳 12 名乘员。当代水下实验室的下潜深度可超过 300 米,在没有补给的情况下,作业期限通常为两周,最长可达 59 天。

　　设置在海底的供科学家和潜水员休息、居住和工作的活动基地,又称水下居住舱。它是根据饱和潜水技术原理设计的,可以移动,是从事水下调查研究和潜水作业的重要工具。

　　水下实验室系统通常由水面补给系统、人员运载舱和水下实验室三部分组成。水下实验室有工作室、寝室和出入口室(闸室),并带有厨房、厕所、浴室等生活设施,内部气压与设置深度水压相等,气体成分根据水下生活要求一般配制为氮、氧或氦、氮、氧混合气

□水下实验室

体。实验室内外压力平衡时，海水不会进入室内，人员可以通过闸室自由出入。实验室内压力、温度、湿度和气体成分由仪表自动监控。

水下实验室外部一般附有高压气瓶、压载水舱和固体压载等，通过压载水舱注、排水使实验室

□ "宝瓶座"的海底实验室

下潜、上浮。实验室的电力、呼吸气体、淡水和食物由陆上、补给船或补给浮标等补给站通过电缆、水管、气管组合的"脐带"供应。潜水人员作业完毕返回正常环境之前，通过减压舱进行减压。水下实验室壳体一般为耐压高强度钢制成，也有采用橡胶、塑料以及丙烯玻璃等材料的。

1962年，美国"海中人–1"号和法国"大陆架–1"号水下实验室首次在地中海进行试验。初期的水下实验室固定于水下，依靠补给船的起重机吊放海底。以后的水下实验室可以通过压载水舱注、排水，做沉浮的垂直运动，并向作业水深大、自持力强和机动性能好的方向发展。如苏联1977年1月下水的"底栖生物–300"号作业深度达300米，自持力14天，可容纳12名乘员。由于通信联络、保暖措施、安全减压等方面仍有难以解决的问题，加上造价昂贵，水下实验室目前仍处于实验研究阶段，今后水下实验室的发展方向是：作业深度大、自持力强、机动性好，同潜水艇、深潜水系统结合成为具有高度机动性能的综合水下活动基地。

在美国佛罗里达州拉哥礁海海底，有一个名叫"宝瓶座"的海底实验室。它是当今世界仅存并仍在运作的海底研究站。"宝瓶座"被放置在海面下20米深处，外观好似一艘潜水艇，总重量81吨。科学家通常先乘船到它的上方，再换上潜水装潜入海底。"宝瓶座"体积不大，但可容纳6人居住。科学家们主要在这里研究珊瑚、海草、鱼类等生物和水质等生态环境的变

化,并记录自身在海底生活的各种生理状况。通常情况下,科学家可在实验室连续住上数星期,所需食物和工具都被装在防水的罐子里由潜水员定期送往实验室。但是水下生活给科学家们也带来了不少困扰。由于"宝瓶座"里的空气浓度是水平面上的 2.5 倍,人体吸入氮的含量会随之增高,噪音会变得奇怪,耳膜也会感觉到不小的压力,就连食物的味道也会变得淡而无味。不过,海底实验室还是给科学家们带来了不小的希望。他们想通过它掌握更多人类在水下生活所需的各种信息,期望有朝一日,人类能向广阔的海洋移民。

📖 知识链接

海底隧道

　　海底隧道是为了解决横跨海峡、海湾之间的交通,而又不妨碍船舶航运的条件下,建造在海底之下供人员及车辆通行的海底建筑物。海底隧道不占地儿,不妨碍航行,不影响生态环境,是一种非常安全的全天候的海峡通道。目前,全世界已建成和计划建设的海底隧道有 20 多条,主要分布在日本、美国、西欧、中国香港九龙等地区。